Qué está Causando CREACIONES

Extranjeros
Evolución
o Dios?

Doug Hans

Doug Hans
Qué Está Causando Creaciones?
Doug Hans, Autor
authordoughans@gmail.com
Primera edición 2018
NESNAH Publishing

Muchas gracias por el permiso de la NASA para usar su archivo de fotografías no protegidas por derechos de autor en la portada y como ilustraciones en este libro. Además, gracias a los valientes hombres y mujeres de la NASA, y a los muchos científicos a través de cuyo trabajo se hacen posibles las revelaciones del Universo maravilloso al mundo.

Biblioteca del Congreso: se han solicitado datos de catalogación en la publicación.
ISBN 978-0-692-06843-4 Papel de nuevo

Este libro está dedicado a aquellos que están maravillados de las creaciones del Universo y de todos los seres vivos que lo habitan. Esperemos que haya más en admiración después de leer este libro.

Introducción

Este libro está repleto de la última información de creación en términos simples e ilustraciones sobre alienígenas, evolución, eventos aleatorios, Dios y el Big Bang. Descubra lo que los niños están aprendiendo en la escuela, incluida la diferencia entre teoría y hechos, teórica y comprobable. Los medios de transmisión en todo el mundo están haciendo que nuevas ideas estén disponibles al instante fuera de las aulas, los lugares de culto y las instituciones familiares.

Averigüe lo que dicen los intelectuales sobre la evidencia de que ya sea extraterrestres, eventos aleatorios o Dios creó todo lo que existe. La intelligentsia altamente educada influye en las culturas políticas, sociales, educativas y espirituales. Incluyen academia, científicos, teólogos, escritores, expertos, comediantes y celebridades que usan sus posiciones para influir en las creencias de las personas.

El recuento espiritual de las creaciones es predecible, mientras que las teorías científicas son más atractivas y atractivas. Los modernistas creen que todo lo que existe comenzó desde la evolución. También creen que los creyentes creacionistas tienen ideas atrasadas porque solo por fe creen que

Dios creó el Universo. Algunos filósofos y científicos teóricos argumentan que no es posible creer un concepto abstracto de un Dios creador.

Este libro hace muchas preguntas desafiantes sobre creaciones. Las mentes investigadoras necesitan estar mejor informadas de todos los aspectos de las teorías que se proponen. Es hora de que alguien haga estas preguntas?

Contenido

Parte I

Parte II

Parte III

Parte I

Capítulo 1

Solo tres

Posibilidades de Creación

El Universo es magníficamente increíble. Su inmensidad está más allá de la comprensión. Desde el planeta Tierra, el Universo ofrece una exhibición de galaxias, estrellas, planetas, lunas, meteoros, asteroides y cometas. Desde el espacio exterior, se ve aún más esplendor. El asombro de los Universos es especialmente espectacular para aquellos que se detienen por un momento para comprender y apreciar realmente sus complejidades. Muchas personas desinteresadas desconocen y dan por hecho el Universo que está lleno de creaciones, mientras que otros se preguntan: cómo se creó este enorme Universo?

Cuando los científicos de todo el mundo debaten qué causó las creaciones del Universo y todo lo que existe, el consenso abrumador entre ellos es que solo hay tres causas posibles y ninguna otra. O son extraterrestres, eventos aleatorios o Dios.

Solo tres posibilidades de creación

1- Extranjeros
2- Eventos aleatorios
3- Dios

El Universo es magníficamente increíble. Su inmensidad está más allá de la comprensión. Desde el planeta Tierra, el Universo ofrece una exhibición de galaxias, estrellas, planetas, lunas, meteoros, asteroides y cometas. Desde el espacio exterior, se ve aún más esplendor. El asombro de los Universos es especialmente espectacular para aquellos que se detienen por un momento para comprender y apreciar realmente sus complejidades. Muchas personas desinteresadas desconocen y dan por hecho el Universo que está lleno de creaciones, mientras que otros se preguntan: ¿cómo se creó este enorme Universo?

Cuando los científicos de todo el mundo debaten qué causó las creaciones del Universo y todo lo que existe, el consenso abrumador entre ellos es que solo hay tres causas posibles y ninguna otra. O son extraterrestres, eventos aleatorios o Dios.

Creación

El acto de traer algo a la existencia fuera de un estado de inexistencia

El Universo es magníficamente increíble. Su inmensidad está más allá de la comprensión. Desde el planeta Tierra, el Universo ofrece una exhibición de galaxias, estrellas, planetas, lunas, meteoros, asteroides y cometas. Desde el espacio exterior, se ve aún más esplendor. El asombro de los Universos es especialmente espectacular para aquellos que se detienen por un momento para comprender y apreciar realmente sus complejidades. Muchas personas desinteresadas desconocen y dan por hecho el Universo que está lleno de creaciones, mientras que otros se preguntan: cómo se creó este enorme Universo?

Cuando los científicos de todo el mundo debaten qué causó las creaciones del Universo y todo lo que existe, el consenso abrumador entre ellos es que solo hay tres causas posibles y ninguna otra. O son extraterrestres, eventos aleatorios o Dios.

La palabra creación a menudo se usa incorrectamente para describir algo que se produce en lugar de crear algo de la nada, producir no tiene nada que ver con la creación.

Los bloques de construcción básicos para todo son átomos. Siempre han existido, desde el momento del Big Bang. Nadie en este planeta crea de la nada. En cambio, usan átomos reciclados.

Las creaciones no se pueden comparar con el acto mágico de sacar un conejo de un sombrero, que es un engaño. La creación real es algo diferente. En cierto sentido, la creación es la verdadera magia porque realmente crea algo de la nada.

Con solo tres posibilidades para hacer surgir algo de la nada, qué creó las tres posibilidades y sus fuentes para todas las creaciones?

- Qué creó a los alienígenas de la nada?
- Qué creó eventos aleatorios de la nada?
- Qué creó a Dios de la nada?

Las creaciones no se detuvieron con el Big Bang. Incluso después de este paso inicial, se necesitaron billones de otros pasos de creación, todo lo cual culminó en la creación de los seres humanos. Incluso hoy las creaciones continúan.

13.8 mil millones de años atrás
****
Leyes y sistemas de ciencia
Big Bang
Universo
Tierra
Moléculas de proteína
Seres vivientes unicelulares
Humanos
****
Hoy

Pasos principales en la creación del universo

Alguna de las posibilidades de creación creó otras posibilidades?

- Los alienígenas crearon eventos aleatorios?
- Los alienígenas crearon a Dios?
- Los eventos aleatorios crearon extraterrestres?
- Los eventos aleatorios crearon a Dios?
- Dios creó alienígenas?
- Creó Dios eventos aleatorios?

Es casi imposible para la mayoría de las personas defender cualquiera de las tres posibilidades de creación sobre las otras dos. Estudiar creaciones es una tarea abrumadora, incluso para los científicos que pasan sus carreras tratando de descubrir más sobre ella. Cuando intentan aprender más sobre los pasos de creación individuales, se enfrentan al desafío porque hay tantos detalles.

Los pasos de creación más importantes carecen de respuestas. Esto probablemente explica por qué muchos científicos se centran en solo pequeñas piezas del rompecabezas de la creación durante su trabajo de toda la vida. La mayoría de los teólogos evitan el aspecto científico de las creaciones. En su lugar, enseñan a partir de libros religiosos familiares que dan solo un alto nivel de contabilidad de las creaciones.

Extranjeros

Algunos científicos, que informan en nombre de sus pares, dicen que no aceptan a Dios ni a los extraterrestres como explicación de las creaciones. Los extranjeros como creadores probablemente se considerarían pseudo dioses e inexplicables en términos científicos. Los tribunales han dictaminado que la creación de Dios no puede explicarse en términos empíricos. Por lo tanto, Dios o los extraterrestres no son considerados seriamente por algunos científicos como verdaderos creadores del Universo.

> **Empírico**
>
> **Algo que es verificable**
> **por observación o experiencia**
> **en lugar de teoría o lógica**

Qué son los alienígenas y quién los creó? Existe especulación en todo el mundo sobre la existencia de alienígenas. Es un tema espeluznante para algunos. Los canales científicos de una hora de duración presentan teorías de cómo los alienígenas viven entre los humanos sin ser detectados. Estas historias extraterrestres se han vuelto muy populares para un alto porcentaje de personas. La producción de historias alienígenas usando medios digitales ha acelerado la aceptación de su existencia.

Las discusiones sobre los extranjeros es un tema que es bien recibido en todo el mundo. Cuando los extraterrestres aparecen en los canales de ciencia, las clasificaciones de TV se disparan. Los grupos de apoyo mundiales insisten en que los extranjeros son reales y que cualquier prueba disponible está siendo reprimida por los gobiernos, especialmente los suyos. Un alto porcentaje de personas en todo el mundo cree en alienígenas.

Creencia en extraterrestres	
Ateos y agnósticos	60%
Islam	45%
Judios	40%
Hindúes	35%
Cristianos	30%

Los presidentes estadounidenses, cuando se les preguntó, han declarado públicamente que no hay evidencia que apunte a los extranjeros y su existencia. Aun así, los gobiernos de todo el mundo, así como las Naciones Unidas, financian habitualmente dispositivos de escucha para controlar la evidencia de la transmisión digital desde el espacio exterior.

Nunca se ha escuchado una transmisión, de ningún tipo, que haya transmitido mensajes inteligentes en más de 50 años de escucha, lo que ha provocado que muchos científicos crean que no existen extraterrestres.

Algunos científicos teóricos están investigando los meteoros como un agente de entrega para la transferencia de sustancias químicas microscópicas llamadas aminoácidos, a planetas como la Tierra y otros planetas. Debería haber un estudio para investigar el verdadero origen de estos meteoros?

Eventos Aleatorios

Qué son los eventos aleatorios? Quién los creó? Esto puede sonar como preguntas tontas, pero si los eventos aleatorios son un agente creador, entonces no se debería saber más sobre ellos?

Los científicos han elegido eventos aleatorios como el agente creador de todas las cosas en el Universo; sin embargo, se conoce más comúnmente como evolución. Presumiblemente, utilizan el término evolución como una forma más sencilla de comunicar las teorías científicas sobre las creaciones al público en general. En casi todas las discusiones principales de algunos científicos, la evolución es omnipresente en la explicación de cómo se creó todo, desde el Big Bang hasta los humanos.

Evento al azar
Un evento que puede o no ocurrir nunca,
no se puede predecir,
y no está influenciado por alguien o algo

La mayoría de las personas no entiende lo que significa un evento aleatorio. Esto es evidente al ver a la gente alinearse para jugar la lotería contra las altas probabilidades de perder.

Desde el momento del big bang teórico hasta la culminación de los seres humanos en el planeta Tierra, los principales hitos ocurrieron durante miles de millones de años. Trillones de pasos de creación entre los principales hitos no se incluyen en este libro.

Sin embargo, estos trillones de pasos de creación están sucediendo continuamente hasta el día de hoy.

El Universo es el resultado de un continuo de pasos de creación gigantescos y complejos que nadie entiende por completo.

Dios

Quién es Dios y quién creó a Dios? Nadie, incluidos los teólogos, tiene respuestas a estas preguntas.

Los teólogos creen que Dios es el creador del Universo basado en el relato de los eventos de creación en la Biblia, la Torá y el Corán. Pocos teólogos van más allá del contenido de la Biblia para explicar las creaciones. En cambio, confían en la fe por su creencia en cómo ocurrieron las creaciones. Además, la mayoría de los teólogos no enfatizan la importancia de las creaciones que están sucediendo continuamente en la actualidad.

Muchos científicos se mantienen firmes en que los teólogos no tienen pruebas de que haya un Dios y que los teólogos confían solo en la fe para explicar las creaciones. Algunos científicos creen que explicar creaciones usando solo la fe es problemático para las sociedades porque no permite que la gente entienda cómo los eventos científicos crearon el Universo. Deberían los teólogos enseñar más sobre ciencia y creaciones?

Algunos científicos teóricos creen que no hay Dios. Insisten en que las creaciones del Universo pueden ser explicadas solo por la ciencia. Ellos creen que Dios es una teoría indemostrable.

Más de mil millones de las siete mil millones de personas en el planeta Tierra no han sido introducidas al concepto de un dios. Para aquellos que creen, algunos no creen que su dios o dioses sean los creadores.

Europa se está alejando de la creencia en Dios hacia una versión de la espiritualidad llamada fuerza espiritual. No está claro si esto se considera una religión, aunque es radicalmente diferente en comparación con las religiones practicadas en Europa en los 500 años anteriores. Una cosa es cierta: Dios parece abandonado en números crecientes a medida que las iglesias europeas históricas son cada vez más eliminadas para nuevos usos, como los pubs.

Spirit-force tiene una creciente base de admiradores. Actualmente, el concepto parece carecer de una definición coherente de lo que significa exactamente. Este tipo de espíritu-fuerza podría depender de la cultura o, tal vez, de una película que haya creado los comienzos del movimiento.

En general, se cree que no es una persona o deidad. Por el contrario, se cree que es una fuerza, energía o poder que puede residir en los vivos, los muertos o, para el caso, en la existencia de todo. También se cree que involucra mover energía de los muertos a los vivos.

	Dios	Espíritu de Fuerza
Grecia	80%	15%
Italia	75%	15%
Alemania	50%	25%
Reino Unido	40%	40%
Francia	35%	25%
Suecia	25%	55%

Las películas crean nuevos dioses?

La película Star Wars habla de una galaxia muy lejos de la Tierra donde no existe dios. Los personajes de la película sustituyen frases como "que la fuerza esté contigo" en lugar de "que Dios te acompañe".

En la película Avatar, un dios espiritual llamado Eywa preside el árbol de las almas en los terrenos de Pandora, ubicado en las montañas aleluyas flotantes. En esta película, los árboles y los animales tienen formas de conectarse directamente con los humanos a través de su sistema nervioso.

Estas películas, quizás, representan un sustituto de una de las tres posibilidades de creación?

Con la ciencia afirmando que hay solo tres posibilidades para las creaciones del Universo: extraterrestres, eventos aleatorios o Dios, cuál es?

Capitulo 2

El Universo Asombroso

Los científicos que han estudiado el vasto Universo con sus fronteras indefinidas, galaxias abundantes, estrellas, lunas, cometas y meteoros han teorizado el comienzo del Universo, lo rápido que se mueve y el momento en que terminará. Los teólogos explican bíblicamente lo que sucedió cuando comenzó la Tierra. La mayoría de las explicaciones de los teólogos ofrecen un contraste con las explicaciones de los científicos teóricos.

Es el Universo un Cosmos?

Reside el planeta Tierra en un universo o cosmos? La colección de estrellas y planetas, visibles e invisibles, forman parte del universo o del cosmos. Ambos significan más o menos lo mismo, a excepción de una gran diferencia en sus definiciones.

Un universo se define como un sistema complejo y cambiante, lleno de caos. Un cosmos se define igual que un universo, pero es ordenado, no caótico.

Universo
Un complejo y siempre cambiante
sistema de estrellas y planetas
con caos

Algunas personas piensan que la Tierra es parte de un cosmos. Debido a que el cosmos comúnmente se llama universo, en este libro se usará el universo, aunque el cosmos describa la Tierra de manera más correcta.

Cosmos
Un complejo y siempre cambiante
sistema de estrellas y planetas
sin caos

Hay más de un universo?

Además de la teoría de que el Big Bang creó el Universo, existen teorías alternativas sobre la creación de múltiples universos. Estas teorías incluyen: teoría de cuerdas, teoría M y teoría multiverso, por nombrar algunas. Al principio, estas teorías fueron fuertemente rechazadas por los científicos teóricos del Big Bang, pero ahora se aceptan como posibilidades reales.

Metaverso es un nuevo término que comienza a usarse pero no es una teoría alternativa del universo. En cambio, es un espacio de realidad virtual que combina las experiencias del mundo y el conocimiento del cerebro humano en nubes comunes para el intercambio de dominio público. Sus defensores dicen que el espacio de la realidad virtual ampliará las capacidades de encuentro de la humanidad mediante el uso de la inteligencia artificial, la irrelevancia del tiempo y la expansión de la conciencia humana, después de la muerte.

Esta inteligencia artificial permitirá que la conciencia de un ser humano continúe después de la muerte?

Los informáticos están continuamente desarrollando software para involucrar a la mente humana con trucos espaciales. La realidad virtual y la realidad aumentada son dos de sus productos más recientes.

La realidad virtual es la tecnología que utiliza la visualización realista de 3600, colocando la mente de una persona en la ubicación de otra persona en cualquier lugar del mundo. Podría usarse para visitar cualquier lugar del Universo?

La realidad aumentada ocurre en la ubicación de una persona, pero interpone objetos extraños en su visión y sus sentidos. Ambos emplean anteojos o anteojos modificados que superponen imágenes en las lentes.

Estas dos tecnologías serán finalmente utilizadas por los vendedores de productos o ideas, incluida la posibilidad de llevar al difunto y al "cielo" a la realidad de una persona viva. Dónde esta tecnología eventualmente conducirá a la humanidad?

Los científicos dicen que el Universo se está expandiendo. Debido a que se está expandiendo, y sus límites no están definidos debido a la flexión de las ondas de luz, es poco probable que las partes del Universo sean exploradas por la humanidad incluso cuando se usan telescopios de alta potencia. La gente tendrá que conformarse con las teorías de los científicos mientras se preguntan qué hay en los bordes exteriores del Universo.

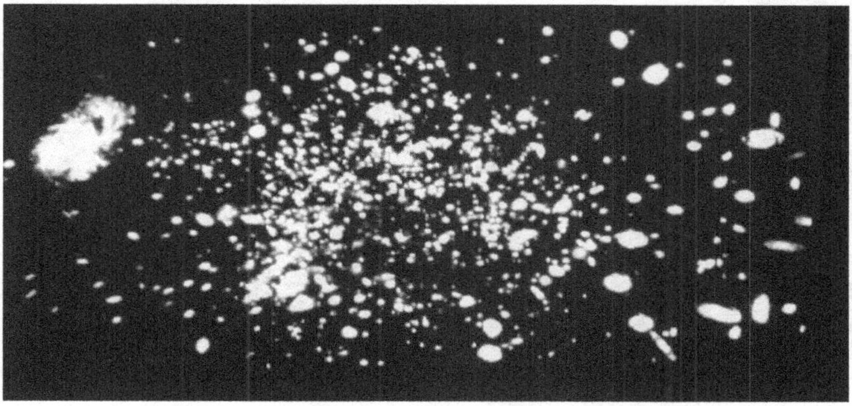

Nadie sabe dónde se encuentra el borde del universe

Las galaxias son planas y giran

Los científicos dicen que el Universo, las galaxias y los sistemas solares giran como molinetes alrededor de algún punto central. También son relativamente planos, como platos gigantes.

Si la explosión del Big Bang comenzó en algún punto central y se aceleró hacia afuera en todas las direcciones, entonces por qué las galaxias son planas? Había una pared de retención celestial que impidió que la explosión de partículas se extendiera hacia todas las direcciones?

Dos de los miles de millones de galaxias en el universo

Qué comenzó el giro de estas fuentes gigantes? Los científicos teóricos dicen que las galaxias tardan 200 millones de años luz en hacer una rotación completa. Hubo vientos alisios celestiales, como los vientos alisios experimentados en el planeta Tierra, que dirigieron los átomos para iniciar el giro de las galaxias? Dicen que después del Big Bang, el espacio vacío se llenó de polvo atómico, que se agrupó y de alguna manera comenzó a girar.

Las galaxias son planas

Ojos en el cielo

El telescopio Hubble operado por la NASA se lanzó en 1990. Sus descubrimientos han abierto los ojos de la humanidad hacia la inmensidad del Universo. El telescopio envía asombrosas fotografías de galaxias cercanas como la Vía Láctea, donde reside el planeta Tierra. Para el año 2018, un nuevo cohete orbitará alrededor del sol y lanzará un nuevo telescopio del tamaño de un edificio de tres pisos de 15 mil pies cuadrados. El nuevo telescopio llamado Webb será 100 veces más potente que el telescopio Hubble, ¿te lo puedes imaginar? Cómo puede superar las increíbles fotografías que el Hubble ya ha tomado?

Debido a que el nuevo telescopio usa tecnología de longitud de onda infrarroja, podrá mirar hacia atrás en el tiempo 13 mil millones de años antes, llevándolo casi a la época del big bang teórico. Igualmente importante, mirará más profundamente en el espacio, revelando más acerca de cómo se formaron las estrellas y los planetas del Universo. Esto representa una nueva herramienta revolucionaria para los científicos, que les permite teorizar con más detalle los pasos involucrados en las creaciones del sistema solar.

Cronología del Universo

La línea de tiempo del Universo se está mapeando continuamente. Los cosmólogos y físicos teóricos calculan los orígenes del Universo en algo hace más de 13 mil millones de años, con el planeta Tierra hace unos 4.500 millones de años.

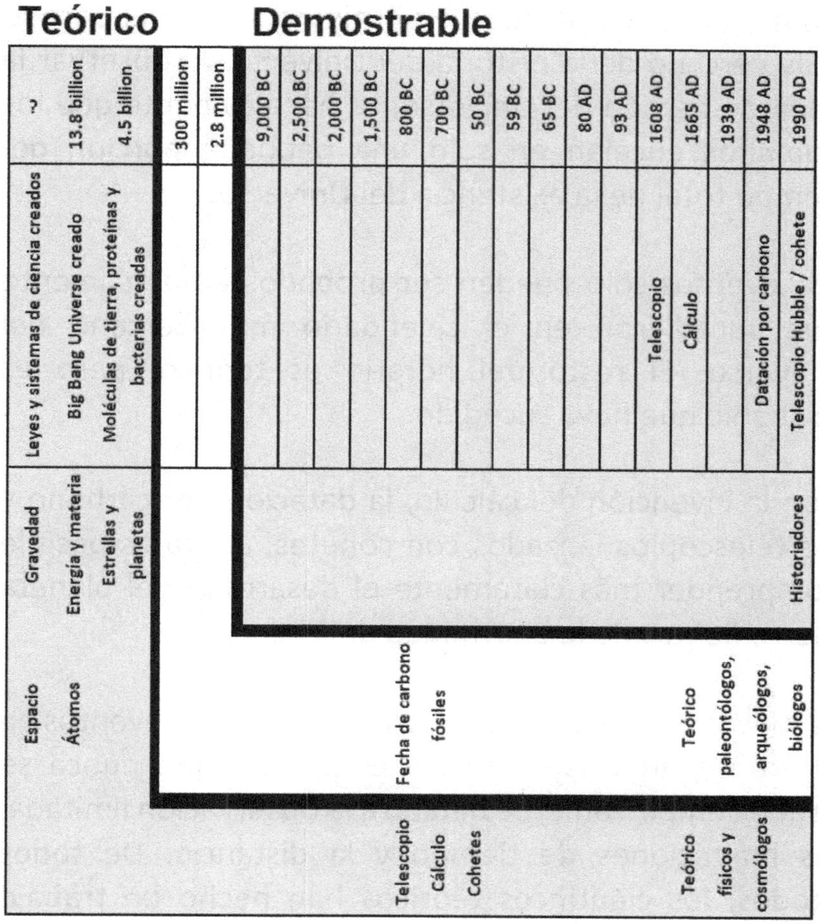

Universo horario

La humanidad comenzó a registrar la historia de la humanidad hace 4500 años, gracias al descubrimiento egipcio del papiro y la tinta. Los dibujos en las paredes de las cuevas hace más de 4500 años ayudaron a reconstruir la historia adicional. Estos dibujos limitados, sin embargo, retroceden en el tiempo hasta el pasado muy cercano de la historia del Universo. Al observar la línea de tiempo del Universo, se hace evidente que los humanos encajan en solo una pequeña porción del tiempo total de la existencia del Universo.

Los eventos solo pueden ser probados empíricamente que sucedieron en el calendario muy cercano del Universo. El resto del horario es teórico, pero es probable que haya sucedido.

Con la invención del cálculo, la datación por carbono y los telescopios lanzados con cohetes, ahora es posible comprender más claramente el desarrollo del planeta Tierra dentro de la enormidad del Universo.

La mayor parte de lo que se conoce sobre los eventos en el cronograma es teórico y es posible que nunca se pruebe empíricamente debido a la observación limitada, las limitaciones de tiempo y la distancia. De todos modos, los científicos teóricos han hecho un trabajo increíble tratando de reconstruir la línea de tiempo del Universo.

Los antropólogos, arqueólogos, biólogos y paleontólogos usan una herramienta desarrollada para ellos llamada datación por carbono. Esta herramienta examina el tejido muerto de una planta o animal que vivió en algún momento del pasado. Compara el tejido muerto con el tejido vivo y determina cuánto tiempo ha transcurrido desde su muerte.

La datación por carbono puede predecir con exactitud cuándo ocurrió la muerte de un ser vivo, más o menos 100 años después de su muerte. Al mirar hacia atrás en el tiempo 50,000 años más o menos, la precisión de datación de carbono tiene una precisión limitada. Ocasionalmente, las muestras pueden fecharse más atrás, bajo condiciones especiales.

El sistema solar

La estrella de la Tierra, o comúnmente conocida como el Sol, es tremendamente caliente con una temperatura estimada de 28 millones de grados Fahrenheit. La fusión nuclear impulsa al Sol convirtiendo átomos de hidrógeno en átomos de helio. Esto proporciona a la Tierra una enorme fuente de calor, luz y energía. La superficie del sol es violenta y, a veces, baña la Tierra con vientos solares. Esta violencia causa explosiones que tienen la capacidad de dañar dispositivos eléctricos como computadoras y redes eléctricas.

Afortunadamente, un núcleo de hierro dentro del centro de la Tierra proporciona un escudo magnético fuerte. Esto propulsa la mayoría de las partículas solares del Sol de los impactos directos a medida que los vientos solares se curvan alrededor de la Tierra. El subproducto de este evento es un fantástico espectáculo de luces en los polos norte y sur, conocido como la aurora boreal.

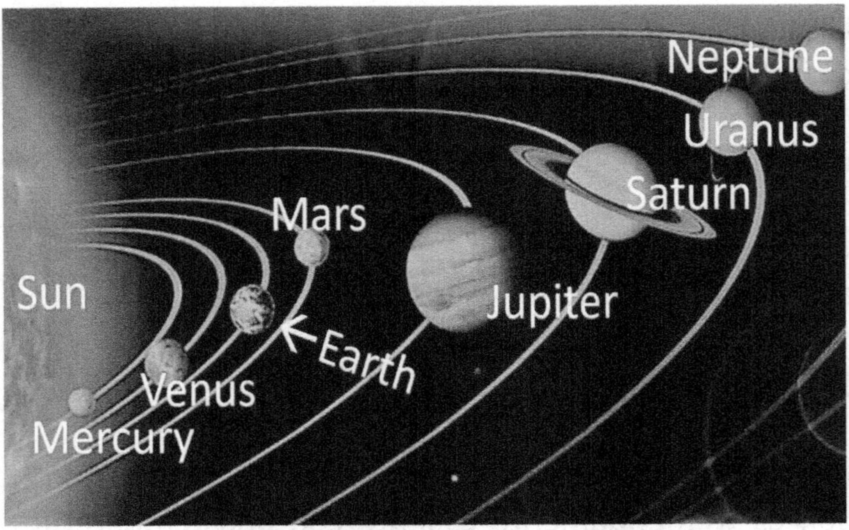

Sistema solar: Por qué la Tierra es tan diferente?

Sin la energía del Sol, la rotación de la Tierra y la atmósfera del planeta Tierra, sería demasiado frío o demasiado calor para que los seres vivos existan.

Por qué la Tierra es Única?

Una gran pregunta que ha desconcertado a los científicos durante siglos es ¿por qué el planeta Tierra es tan diferente de los otros planetas del sistema solar de la Tierra? Como ejemplo, ¿por qué la Tierra recibió tanta agua? Sin agua, la vida en la Tierra no podría sobrevivir. Otros planetas creados en el mismo sistema solar, en la misma zona habitable, no funcionaron tan bien. ¿Por qué algunos de los otros planetas no recibieron suficiente suministro de moléculas de agua para sustentar vida como el planeta Tierra?

Los científicos teóricos están continuamente buscando otros planetas en el Universo que sean posibilidades de sustentar la vida. Debido a la inmensidad del Universo, los científicos solo están mirando en la galaxia de la Vía Láctea de la Tierra. La Vía Láctea es inmensa por sí misma. Los científicos están convencidos de que hay otras zonas habitables además de la Tierra que se encuentran en otros sistemas solares en la Vía Láctea. No se teoriza mucho sobre la vida en otras galaxias que no sean la Vía Láctea porque están demasiado lejos para estudiar.

La Tierra tiene una piel muy delgada

La Tierra está cubierta con una superficie delgada y crujiente. Debajo de la superficie de 25 millas de espesor se encuentra la lava fundida, que es un fuego de 10.800 grados Fahrenheit. Casi todo el mundo en este planeta da esto por sentado mientras se ocupa de su vida cotidiana. Debido a que la Tierra está al rojo vivo debajo de la superficie, es probable que la gente no lo piense demasiado, especialmente cuando se visitan lugares con costras delgadas como el Parque Yellowstone, conocido como el volcán más grande del mundo.

Todos en la superficie superficial siempre cambiante de la Tierra pueden observar cambios físicos a medida que la Tierra se redefine a sí misma. Grandes cantidades de polvo y arena son arrastradas o arrastradas cada año. Las tormentas de viento, el fuego, los relámpagos, las mareas, los terremotos y las erupciones volcánicas cambian constantemente las dimensiones del espacio habitable de la humanidad en la zona habitable de la Tierra. La mayoría de los animales y las plantas hacen los ajustes necesarios para la supervivencia.

Hace mil millones de años, casi todos los seres vivos no podrían haber sobrevivido porque la Tierra era tan volátil. Dentro de mil millones de años, nadie sabe si la vida existirá en este planeta. Los científicos teóricos están, muy probablemente, contemplando estas posibilidades. La Tierra está cubierta con una superficie delgada y crujiente. Debajo de la superficie de 25 millas de espesor se encuentra la lava fundida, que es un fuego de 10.800 grados Fahrenheit. Casi todo el mundo en este planeta da esto por sentado mientras se ocupa de su vida cotidiana. Debido a que la Tierra está al rojo vivo debajo de la superficie, es probable que la gente no lo piense demasiado, especialmente cuando se visitan lugares con costras delgadas como el Parque Yellowstone, conocido como el volcán más grande del mundo.

Todos en la superficie superficial siempre cambiante de la Tierra pueden observar cambios físicos a medida que la Tierra se redefine a sí misma. Grandes cantidades de polvo y arena son arrastradas o arrastradas cada año. Las tormentas de viento, el fuego, los relámpagos, las mareas, los terremotos y las erupciones volcánicas cambian constantemente las dimensiones del espacio habitable de la humanidad en la zona habitable de la Tierra. La mayoría de los animales y las plantas hacen los ajustes necesarios para la supervivencia.

Hace mil millones de años, casi todos los seres vivos no podrían haber sobrevivido porque la Tierra era tan volátil. Dentro de mil millones de años, nadie sabe si la vida existirá en este planeta. Los científicos teóricos están, muy probablemente, contemplando estas posibilidades.

La zona habitable

La mayoría de los científicos teóricos creen que la estrella de la Tierra se formó a partir de partículas atómicas frías y giratorias, mientras que el centro colapsó para formar su estrella madre, el Sol. Millones de años después, los científicos teorizan fragmentos calientes de átomos desprendidos para formar planetas.

Los planetas en el sistema solar del Sol varían en temperatura desde menos 400 grados Fahrenheit en el planeta Plutón hasta más 900 grados Fahrenheit en el planeta Venus, dependiendo de su distancia del Sol. Afortunadamente, la Tierra se encuentra dentro de una zona habitable, o la distancia correcta desde el Sol, que proporciona una atmósfera sostenible para una gran variedad de seres vivos.

La mayor parte del calor del Sol se dirige hacia el centro de la Tierra. Los planetas que se crearon a la distancia correcta del Sol con el eje giratorio de rotación correcto proporcionan una zona habitable para que existan los seres vivos. Los patrones predictivos del viento y la rotación de la Tierra hacen que el calor se distribuya ampliamente y se mantenga bajo las nubes. Esto es afortunado para la supervivencia de animales y plantas.

Los habitantes de la Tierra pueden agradecer al planeta Júpiter por su relativa seguridad contra las colisiones de meteoritos. Con el tamaño de Júpiter y una fuerza gravitacional más fuerte, ayuda a proteger a la Tierra de posibles asteroides mortales.

Son los humanos los únicos habitantes del universo?

Parece que los humanos son los únicos habitantes de este vasto Universo, pero nadie en el planeta Tierra lo sabe con certeza.

Se estima que el diámetro del Universo es de 90 mil millones de años luz, y está creciendo. Hay 200 mil millones de galaxias en el Universo.

Los científicos estiman que la Vía Láctea de la Tierra contiene alrededor de 400 mil millones de estrellas, con alrededor de 100 mil millones de planetas. Debido a las limitaciones de tiempo, los científicos solo pueden especular sobre una posible vida que pueda residir dentro de la Vía Láctea.

La Vía Láctea

Los teóricos de la ciencia han estimado que hay 11 mil millones de planetas que giran en zonas habitables alrededor de estrellas como el Sol de la Tierra. De nuevo, todos están dentro de la galaxia de la Vía Láctea, que tiene unos 100.000 años luz de diámetro.

La galaxia más cercana a la Vía Láctea está a 163,000 años luz de distancia. Si fuera posible para alguien visitar la galaxia más cercana a la Tierra, ellos tendrían que viajar a la velocidad de la luz, oa una velocidad equivalente a la autopista de 670,000,000 millas por hora (MPH), durante 163,000 años.

Son años!

Las millas por hora se calculan multiplicando la velocidad de la luz, que es de 186,000 millas por segundo, por 3,600 segundos por hora. La tecnología no se ha desarrollado para viajar tan rápido.

Una distancia de años luz equivale a viajar a 670,000,000 millas por hora. . .
por un año

La Tierra está a 27,000 años luz del centro de la Vía Láctea. Esto lo hace a mitad de camino entre el borde medio y externo de la galaxia.

Los científicos han descubierto varios planetas que son teóricamente como la Tierra. Uno de esos planetas descubierto tiene seis mil millones de años y gira alrededor de su sol cada 385 días. Este planeta es inalcanzable hoy debido a su distancia de 1400 años luz de la Tierra. El planeta está en otro sistema solar, pero al menos reside dentro de la galaxia de la Vía Láctea.

Debido a los límites de la tecnología actual, ningún otro planeta como la Tierra ha sido observado de cerca por un telescopio o una antena de sonido.

Cuántos observadores de estrellas se dan cuenta de la profundidad del Universo mientras miran hacia arriba en una noche clara? Recuerde, las estrellas vistas a simple vista son solo las estrellas de la Vía Láctea, que es solo una galaxia de las 200 mil millones de galaxias en el Universo.

Los científicos dicen que el Universo es un espacio inmenso e ilimitado que se está expandiendo rápidamente. La mayor parte del Universo es espacio vacío. Los átomos, los componentes básicos del Universo, ocupan solo un 1% del espacio dentro de los límites del Universo, mientras que la energía y la materia oscura ocupan el resto.

Es de extrañar por qué algunas personas pueden encontrar difícil imaginar que podría existir otro planeta que sostiene la vida como la Tierra en esta inmensidad?

Dónde están las fronteras del Universo? Dónde comienza el universo y dónde termina? Debido al tiempo y la flexión de las ondas de luz, algunos científicos teóricos dicen que nunca se observará el fin del Universo porque siempre está sobre el horizonte.

Los científicos están descubriendo continuamente nuevas estrellas y galaxias como resultado de explosiones nucleares dentro del Universo. Sin duda, descubrirán más y más sobre el ciclo de vida de las estrellas y los planetas a medida que los telescopios espaciales recién diseñados se posicionen en los cielos.

En solo unos pocos años, la exploración de los científicos ha abierto los cielos para que la humanidad vea lo que antes era desconocido. Potentes aplicaciones de software celestial ahora muestran a la gente de la Tierra, a través de la visualización simulada, vívidos detalles de los muchos esplendores de la galaxia de la Vía Láctea. Podrán ir más allá?

Las estrellas tienen un ciclo de vida de nacimiento y muerte? Desaparecen a un lugar de descanso desconocido? Hay otros planetas como la Tierra? Hay otros humanos, plantas y animales en algún lugar del Universo?

Qué maravilla en el Universo aún no se ha descubierto?

Capítulo 3

Lo que dice la Intelligentsia

Quiénes son los intelectuales? Son una élite bien educada que influye en la cultura política, social, científica, educativa y espiritual de sus sociedades. Incluyen líderes de gobiernos, docentes, científicos, teólogos, escritores, cineastas, celebridades, atletas, comediantes e incluso expertos.

Sus posiciones les permiten expresar sus creencias a la población en general. Esto no es necesariamente algo negativo, simplemente cómo funciona el mundo actualmente. La mayoría de las personas siguen las ideas de la intelligentsia, y con el tiempo, sus ideas son aceptadas como un hecho. Se siguen las ideas de algunos líderes, pero no se les considera intelectuales porque obtuvieron sus posiciones a través de la fuerza bruta.

Una gran parte de la población mundial consiste en personas a las que se les desafía solo a mantenerse con vida. Es posible que hoy no sientan la influencia de sus intelectuales. En el futuro, su mundo cambiará rápidamente. Sin importar cuáles sean sus circunstancias hoy en día, sus sistemas de creencias pueden cambiar a medida que son invadidos electrónicamente con diferentes puntos de vista de diferentes partes del mundo. Para aquellos que viven bajo una dictadura, los canales de información pueden estar bloqueados.

Los líderes religiosos tienen puntos de vista sobre lo que causó las creaciones, pero no son específicos sobre cómo funciona la creación. Los científicos son más específicos. Ambos grupos cumplen con la definición de la intelligentsia para sus culturas a medida que enseñan sus perspectivas.

La tecnología y la Intelligentsia local

Las religiones regionales se forman en todo el mundo a partir de las creencias de unos pocos líderes de la intelligentsia. Esto puede cambiar radicalmente a medida que los medios digitales se vuelven independientes de las fronteras territoriales.

En los próximos diez años, los medios digitales estarán al alcance de la mayoría de las personas en este planeta.

En 2015, 3.800 millones de personas en todo el mundo vieron los juegos de fútbol de la copa del mundo de una multitud de dispositivos de video. Los mensajes futuros implementarán este tipo de tecnología y transmitirán video de realidad virtual desde su fuente original a países lejanos.

Los últimos sesenta años han traído una explosión sin precedentes de dispositivos de comunicación. Se dejan generaciones enteras, mientras que las nuevas generaciones no pueden tener suficiente de la nueva tecnología.

Comunicación Mundial

	Dispositivos o Usuarios	Primero presentados
Teléfonos de línea terrestre	1.0 mil millones	1876
Televisores	1.4 mil millones	1946
Teléfonos celulares	6.8 billones de	1973
Usuarios de Internet	3.3 mil millones	1986
Video en tiempo real	.4 mil millones de	1992

Nadie puede predecir cuál será la nueva tecnología o su efecto en la difusión de nuevas ideas en todo el mundo. La transmisión u otras tecnologías presentan desafíos para la intelligentsia?

Prosperidad en el mundo

El ingreso de los hogares aumentará rápidamente en el mundo, causando un efecto de ondulación en las economías locales, la tecnología y la educación. Los países del tercer mundo pueden superar a los países como Estados Unidos en el crecimiento económico. Esto podría causar malestar local y cuestionamiento de las creencias dadas por sus intelectuales.

Años que tardó en duplicar los ingresos del hogar

China	12 años
Vietnam	17 años
India	19 años
Indonesia	26 años
Estados Unidos	110 años
Reino Unido	195 años
Italia	455 años

A medida que aumenta el ingreso disponible, también lo hace la tecnología, el acceso a la información, el comercio, la educación y la riqueza.

Proyección de ingresos del hogar

	2010	2050
Suiza	$ 38,700	$ 83,600
Hong Kong	$ 35,200	$ 76,200
Japón	$ 39,400	$ 63,300
US	$ 36,300	$ 55,700
Alemania	$ 25,100	$ 52,700
Reino Unido	$ 27,600	$ 49,400
Corea del Sur	$ 16,500	$ 46,700
Italia	$ 18,700	$ 38,400
Vietnam	$ 1,300	$ 20,000
China	$ 2,400	$ 17,400
Indonesia	$ 1,200	$ 5,200
India	$ 800	$ 5,100

En moneda estadounidense

Un trabajo bien remunerado será el conductor, mientras que los ingresos de los hogares aumentarán rápidamente en los próximos 40 años.

Población mundial

Se estima que la población mundial seguirá aumentando en los próximos 40 años, principalmente en India, Indonesia y los EE. UU. China controla su aumento proyectado de la población con una ley de aborto obligatoria.

Población (millones)

	2011	2050	
China	1,337	1,304	-2%
India	1,190	1,650	39%
Indonesia	246	313	27%
US	313	429	40%
Reino Unido	61	65	1%
Italia	58	55	-1%
Mundo	7,000	9,256	+34%

Cada segundo en el mundo nacen cuatro bebés. Cada segundo en el mundo mueren dos personas. Habrá suficiente comida para alimentar a las personas nuevas? Habrá suficiente aire para respirar y agua para beber? Habrá suficiente tierra, terraplenes, hospitales y cementerios?

En los próximos 40 años, con un aumento del 34 por ciento de la población en el mundo, habrá suficientes átomos disponibles para crear los cuerpos de las personas adicionales?

Desplazamiento étnico en los EE. UU.			
	1950	2005	2050
Blanco	85%	67%	47%
Negro	11%	13%	13%
Asiático		5%	10%
Latino	4%	15%	30%

Etnia cambia en los Estados Unidos

La etnicidad puede adquirir mayor importancia en los países del mundo que la importancia de la raza a medida que culturas y razas enteras se asimilan en una dentro de las regiones. La tecnología puede eliminar los límites ideológicos regionales.

Teniendo esto en cuenta, los próximos 40 años verán cambios dramáticos en la etnicidad en los EE. UU. Y en otros países, tal como lo hizo en los últimos 50 años. Sin lugar a dudas, otros países con fronteras porosas experimentarán lo mismo.

Las predicciones más impactantes para un país como los Estados Unidos serán un cambio de una mayoría blanca a una blanca, mientras se mantiene una pluralidad de la población.

Cambio de edad en los Estados Unidos

El cambio de grupos de edad en los Estados Unidos ejercerá una presión dramática sobre la entrega de la estabilidad médica y económica. El tira y afloja entre la automatización, los trabajos mejor remunerados y la supervivencia familiar se intensificará, causando confusión en las culturas a medida que los políticos intentan hacer frente.

Cambio de edad en los Estados Unidos

	1950	2011	2050
0-19	34%	27%	25%
20-24	7%	7%	7%
25-64	50%	50%	41%
65-79	8%	13%	20%
80+	1%	3%	7%

Todos los cambios demográficos que se producirán en los próximos 40 años, junto con una gama cada vez mayor de nuevas ideas y teorías, cambiarán el pensamiento de la intelectualidad actual para adoptar nuevas ideas y el uso de nuevas tecnologías para ayudarlos a enfrentar mejor el cambio?

Vistas de Intelligentsia sobre creaciones

Hoy, la ciencia teórica impulsada por la intelligentsia es una fuerza educativa dominante. A medida que el público se vuelve más educado, no solo en las aulas, sino también en la transmisión de videos educativos, las opiniones de sus intelectuales pueden verse desafiadas.

La ciencia teórica es donde está el dinero en este momento. Los dólares de inversión federales y privados alientan a las instituciones de educación superior a dedicarse a la ciencia teórica. La mayoría de los profesores universitarios de ciencias entienden esto. Es difícil encontrar una universidad grande o pequeña que no tenga, o no esté presupuestando, un parque teórico de investigación.

Las demandas de las universidades no científicas están aumentando, ya que los profesores deben solicitar subsidios para cubrir sus salarios, mientras que los dólares académicos se gastan en otras áreas de la ciencia teórica.

Algunos profesores dicen que el mayor conflicto del siglo XXI no será entre Occidente y el terrorismo. Por el contrario, será entre una civilización moderna y antimodernista. Dicen que los antimodernistas son personas religiosas a quienes se les enseña qué creer. Deben su lealtad a un orden superior y creen que deben prepararse para una vida futura. Los modernistas, por otro lado, creen en la ciencia, la razón y las verdades lógicas como la base de sus creencias.

Otros científicos dicen que no hay un Dios o una participación inteligente del diseñador en las creaciones. En cambio, dicen que la Tierra se creó espontáneamente de la nada a través de eventos aleatorios o fluctuaciones cuánticas. Además, afirman que no hay evidencia de que el planeta Tierra haya sido visitado por extraterrestres. Los científicos reconocen que no saben cómo comenzó la vida.

- La Tierra se creó espontáneamente de la nada por eventos aleatorios.
- No hay un diseñador inteligente.
- No sabemos cómo apareció la vida por primera vez.
- La evidencia muestra que no fuimos visitados por extraterrestres.

Algunos científicos teóricos dicen que las religiones deberían abrazar la ciencia porque, si se entiende bien, la ciencia es mucho más emocionante, poética y está más maravillada que cualquier cosa en los arsenales de la imaginación religiosa golpeados por la pobreza.

Otros científicos dicen que la religión es mala para las personas porque les enseña a estar satisfechos con ninguna explicación científica de las creaciones y les permite creer que las creaciones tuvieron lugar solo por la fe. Algunos científicos creen que las preguntas de las personas religiosas son fáciles de responder porque sus religiones no pueden probar que Dios existe.

Algunos científicos aseguran a personas religiosas que buscan respuestas sobre creaciones que los científicos están cerca de proporcionar pruebas de que no existe un creador de Dios. Estos mismos científicos creen que deberían tener un papel de liderazgo en la educación y el gobierno porque son la intelligentsia.

Lo que algunos científicos dicen sobre seguidores religiosos:

- La gente religiosa no puede probar que Dios existe.
- La ciencia está cerca de probar que no hay Dios.
- Los científicos son la intelligentsia y deben tener posiciones de liderazgo en el gobierno y la educación.

Otros cosmólogos teóricos en la mayor Universidad enseñar a los estudiantes que no necesitan una deidad para comprender las creaciones. Dicen que uno solo necesita entender que las fluctuaciones cuánticas son el creador del Universo.

Algunas de las religiones en el mundo atribuyen creaciones a un Dios espiritual. Casi todas las religiones no explican, ni siquiera en un nivel básico, de qué se tratan las creaciones.

No necesitas una deidad para entender creaciones. Solo necesitas fluctuaciones cuánticas para crear el Universo.

En cuanto a los científicos, su explicación de las creaciones es minuciosa pero teórica en el mejor de los casos. No explican las creaciones en términos empíricos porque las creaciones no pueden ser probadas. Teorizan sobre las causas de las creaciones usando palabras como "poder", "podría" y "probablemente" para explicar las piezas del rompecabezas de la creación.

Algunos científicos y filósofos que tienen puntos de vista no teístas sobre Dios, los dioses o la ausencia de una creencia en un dios creen que las personas religiosas crean dioses a su imagen.

- La ciencia es el único jugador en el mundo natural, mientras que la única función de la religión es responder preguntas sobre el significado último y el valor moral.

- Dios es un símbolo de las aspiraciones y valores humanos.
- Las religiones construyen rasgos humanos en dioses y espíritus para hacerlos más humanos, sociales y familiares.
- La existencia de Dios es una pregunta empírica que debe comenzar demostrando quién creó a Dios.

Las tres religiones abrahámicas más grandes del mundo, el judaísmo, el cristianismo y el islamismo, tienen sus orígenes en las prácticas y la adoración del Dios de Abraham.

Las dos religiones más grandes, el cristianismo y el Islam, comprenden casi la mitad de la población de la Tierra. Ni la religión parece dirigirse a las creaciones de una manera que aquellos que tienen curiosidad más allá del conocimiento bíblico se convenzan completamente.

La religión cristiana tiene dos mil años. El Islam tiene 1500 años. Los cristianos ascienden a 2.100 millones de personas, mientras que los musulmanes representan 1.600 millones. Otros 1.500 millones son agnósticos, 950 millones son hindúes y 385 millones son budistas.

Hay 13 religiones mundiales encontradas principalmente en China que comprenden otros 347 millones de la población mundial. El judaísmo, una de las primeras religiones, tiene 14 millones de seguidores. Shintoism tiene cuatro millones de seguidores.

Solo en la religión cristiana, hay más de 33,000 denominaciones diferentes. En la religión del Islam, hay al menos tres sectas principales y docenas de divisiones.

También existen divisiones múltiples dentro del budismo, el hinduismo y el judaísmo. Estas divisiones son impulsadas por líderes de fe, todos con diferentes puntos de vista.

No es de extrañar que con tantas versiones diferentes de la Biblia, la Torá y el Corán, es imposible para muchas personas que buscan fe espiritual saber por dónde empezar. A menudo confían en su intelligentsia regional en su búsqueda de respuestas. Lo harán en el futuro?

Debido a que algunas religiones antiguas creen en múltiples dioses y otras religiones, no creen en ningún dios en absoluto, tratar de entender la religión es aún más complicado. Los jóvenes de las sociedades libres abandonan o exploran versiones de la religión muy diferentes de las que pudieron haber introducido en sus vidas.

Creencias religiosas		
Cristianismo	2,100,000,000	30%
Islam	1,600,000,000	23%
Sin religión	1,500,000,000	22%
Hinduismo	950,000,000	14%
Budismo	385,000,000	6%
14 otras religions	351,000,000	5%
Judaísmo	14,000,000	
Población mundial	7,500,000,000	

En países grandes como China, existen religiones antiguas, aparentemente enterradas en el paisaje que han existido durante siglos. No menos de 150 millones de personas son miembros informales de una sola religión llamada religión china antigua. En áreas remotas del mundo, muchas tribus no tienen la menor idea de lo que es la religión o tienen un concepto de cómo es una estructura religiosa para la adoración.

El hinduismo comenzó alrededor de 2000 BC, mientras que el budismo comenzó alrededor del 600 BC Ni la religión se centra en un dios central ni ofrece una explicación sobre cómo sucedieron las creaciones. El judaísmo comenzó alrededor del 2000 BC y se enfoca en un Dios como creador. Estas religiones comenzaron siglos antes de que comenzara la religión del cristianismo. La intelligentsia religiosa, al ejecutar sus roles de liderazgo para establecer la doctrina religiosa y mantener sus organizaciones, involuntariamente separa a las personas?

El cuarenta por ciento de las personas en los Estados Unidos se llaman Jóvenes Creacionistas de la Tierra porque creen que el Universo fue creado en los últimos diez mil años. La mayoría de los teólogos que han escuchado teorías sobre Young Earth versus Old Earth admiten que no saben cómo decidir entre los dos y que ciertamente no pueden debatir el tema. Debido a que existe tal diversidad de religiones con creencias diversas sobre las creaciones, muchos jóvenes que buscan respuestas hoy reciben una orientación limitada de los teólogos y con frecuencia se sienten confundidos.

Los judíos ortodoxos tienden a creer en el relato de la creación en la Torá, mientras que otros seguidores judíos tienen puntos de vista mixtos. Algunos tienen creencias fuertes en la evolución, mientras que otros creen en ambos.

Los últimos dos Papas no son silenciosos en sus puntos de vista sobre las creaciones o la evolución. Al igual que muchos otros líderes religiosos de todo el mundo, no explican cómo las creaciones suceden en términos científicos. En cambio, introducen la participación de

Dios en las teorías científicas presentadas en las creaciones.

La Iglesia Católica Romana prohibió una vez a sus seguidores que leyeran el libro de evolución de Darwin. Pero ahora ellos profesan que la evolución es verdadera, y Dios es su verdadero autor. Dicen que las teorías científicas relacionadas con el origen del Universo no están en conflicto con la fe. También profesan que Dios estaba detrás de la teoría del Big Bang.

Los siguientes son pensamientos de prominentes teólogos de la intelligentsia que aparecen regularmente en la televisión.

- El recuento bíblico de la creación en Génesis coincide con la teoría del Big Bang.
- El lapso de tiempo entre los primeros dos versos de Génesis es la teoría de Gap, que pone miles de millones de años en Génesis.
- La teoría actual apunta a un Big Bang como el comienzo de la creación, hace unos 15 mil millones de años.
- Dios creó al hombre, ya sea que viniera por un proceso evolutivo o no. Dios tomó este ser y lo hizo un alma, lo que no cambia el hecho de que Dios creó al hombre.

Estos intelectuales son figuras religiosas icónicas en los Estados Unidos. Sus creencias son declaraciones audaces que la mayoría de las personas no asocian como provenientes del púlpito.

Dicen que la teoría del Big Bang y la evolución en la naturaleza no contradicen la noción de creaciones divinas porque la evolución primero requiere las creaciones divinas de los seres vivos que evolucionaron.

No ven ninguna razón por la cual Dios no hubiera usado un proceso evolutivo natural para formar la especie humana. Además, afirman que Dios creó a todos los seres vivientes, y Dios los dejó desarrollarse de acuerdo con las leyes internas que Dios le da a cada uno.

Otro teólogo dijo que el nacimiento de una persona en un lugar geográfico determina a qué religión pertenece una persona. Este teólogo dice que aquellos que nacieron en Pakistán son musulmanes, en India son hindúes, en Japón son sintoístas y, si nacieron en Italia, son cristianos.

Él dice que las personas naturalmente creen en la exclusividad, cuando se trata de su religión y su fe individual. Esto será desafiado por la tecnología de transmisión?

Algunos científicos creen que la Tierra fue creada hace 4.500 millones de años, mientras que algunas religiones creen que la Tierra fue creada hace 10.000 años. En 1450 BC, Moisés escribió en su libro de Génesis una descripción sobre la creación del Universo, incluida la Tierra, durante un período de seis días. Diez años después, en 1440 BC, en el libro de Salmos 90 de Moisés, también escribió que mil años para Dios son como unas pocas horas para el hombre. Basado en esto, Moisés sabía que la Tierra podría tener al menos miles de millones de años, lo mismo que los científicos han concluido.

Por qué el lado científico de las creaciones no se menciona más por la intelligentsia teóloga? Por qué las creaciones no son una de las principales piedras angulares de la religión?

El budismo rechaza la existencia de una deidad creadora. En cambio, creen que todo el enfoque debe estar en el sufrimiento de la humanidad.

Los hindúes creen en múltiples dioses y ninguno de sus dioses es responsable de las creaciones. Ellos creen en la reencarnación. Si le preguntas a dos seguidores hindúes diferentes en qué creen, es probable que obtengas múltiples explicaciones sobre su religión y su significado. Los hindúes creen que el mundo es una ilusión.

Las religiones cristiana, judeo e islámica explican las creaciones en sus libros de Génesis y Surah, pero no los increíbles eventos de las creaciones en detalle. Las teorías científicas sobre creaciones ofrecen una explicación más detallada que la explicación de los teólogos.

Encuestas recientes indican que los teólogos no han hecho lo suficiente para convencer a sus seguidores de que Dios existe. También parece haber una desconexión entre las personas y Dios como su creador.

Las mentes investigadoras religiosas se quedan con solo los dos primeros capítulos de Génesis para explicar las creaciones en comparación con las teorías actuales presentadas como hechos por la intelectualidad científica.

Para adultos en los EE. UU. Menores de 30 años, solo el cincuenta por ciento cree en Dios con un alto grado de confianza. Solo el setenta y cinco por ciento que se hacen llamar cristianos pueden decir con certeza que Dios existe. Sólo el treinta y tres por ciento de los judíos, budistas e hindúes dicen que existe cierto Dios o un espíritu universal.

**Solo el 75 por ciento de los cristianos
están seguros de que Dios existe**

**Solo el 33 por ciento de los judíos, budistas e
hindúes
puede decir con certeza
Dios, o existe un espíritu universal.**

Podría ser por no enseñar un poco más acerca de las creaciones científicas, los teólogos han minimizado una importante piedra angular religiosa y, sin saberlo, la han pasado a las manos de los intelectuales de la ciencia para explicar?

Los seguidores religiosos están preparados para que sus intelectuales expliquen las creaciones científicas como parte de su fe?

Los seguidores religiosos entienden que sus cuerpos se vuelven a crear cada 3,4 años? (Ver el capítulo 10)

Capítulo 4

La prueba significa cosas diferentes Para diferentes personas

Hay tantas opiniones en el mundo, parece, ya que hay personas en el planeta. Es difícil hacer un consenso en una reunión pública o privada debido a las opiniones variadas de todos. No hay excepciones a esto cuando se trata de opiniones sobre Qué está causando creaciones?

Qué es la prueba?

Puede sonar como otra pregunta tonta, pero ¿qué es una prueba real? Obviamente, si alguien ve, siente o toca algo tangible, la mayoría de la gente lo acepta como prueba. Pero no necesariamente a todos. La prueba solo se acepta de forma individual y generalmente requiere evidencia convincente.

La prueba es algo personal. Significa algo diferente para cada persona individual. A veces las personas se ven obligadas a regañadientes a seguir la definición de prueba de otra persona. Esto, sin embargo, no significa que crean algo que están obligados a creer. La mayoría de las personas son seguidores de otros y sus ideas. No desafiarán las ideas de los demás, especialmente si las ideas provienen de personas en posiciones de autoridad.

Prueba
Evidencia de algo que obliga a la aceptación en forma individual

Las abejas en una colmena no aceptarán como prueba la ubicación de las flores de las abejas exploradoras que regresan si las abejas exploradoras no tienen néctar. Cuando se trata de humanos, pocos piden guía a otros humanos. La gente prefiere su propia prueba. A menudo, descubren respuestas por sí mismos, incluso si se cometen errores múltiples a lo largo de su camino de aprendizaje. Aquí es donde aparece la intelligentsia. Ellos dan respuestas. No importa si la intelectualidad es un filósofo, un científico teórico, un maestro, un político, un periodista, un profesor, un funcionario del gobierno, un teólogo, una celebridad, un comentarista o un comediante. Una de las misiones autoproclamadas de la intelligentsia es decirle a la gente qué creer, ya sea que estén correctas o equivocadas.

La gente obtiene respuestas de la Intelligentsia

Las personas obtienen respuestas de la intelligentsia que a veces permanecen con ellos toda la vida. Creer las respuestas, con o sin prueba, depende de las circunstancias, antecedentes y cómo están conectados para aceptar las respuestas de otra persona. Algunas personas están tan conectadas que mantienen lo que creen a cierta edad y rara vez aceptan las respuestas o ideas de otra persona. La gente obtiene respuestas a sus preguntas de muchas maneras:

Seguidores

Los dictadores escogen las respuestas	**Seguidores renuentes**
Los profesores eligen las respuestas	**Seguidores incontestables**
Los periodistas eligen las respuestas	**Pravda seguidores**
Los gobiernos eligen las respuestas.	**Seguidores de buena suerte**
Bafflers escogen las respuestas	**Gruber seguidores**
Los teólogos eligen las respuestas	**Seguidores de la fe**
Los teóricos eligen las respuestas	**Los seguidores deslumbrados**
Los filósofos eligen las respuestas	**Los seguidores nulos**
Los compañeros eligen las respuestas	**Seguidores del milenio**
Los padres eligen las respuestas	**Seguidores respetuosos**

La gente puede ser engañada

Aceptar las ideas de otra persona es un proceso mental que ocurre de varias maneras. Hay ideas que son tan difíciles de entender que las personas sucumben a la aceptación de las personas con credenciales que les dicen que crean.

En otras ocasiones, al agregar una pequeña travesura llamada desconcertante, una idea puede ser exagerada como agregar chocolate encima de helado. Simplemente hace que una persona lo quiera mucho más.

Deflector
Para derrotar a alguien por confusión

La gente quiere creer

Cuando se trata de ciencia, la mayoría de la gente cree que la información teórica presentada es un hecho, aunque las palabras "podría ser" y "podría ser" se usan repetidamente. En los canales de programas de ciencias, el nombre de un presentador a menudo incluye un título como "cosmólogo teórico" o "físico teórico". Los canales de ciencia a veces usan celebridades e incluso comediantes para agregar credibilidad a la información científica que se está presentando. Aumenta esto la certeza de que la audiencia será más receptiva a los hechos científicos teóricos que se presentan? Es este el intento de algunos productores?

Los productores influyen en sus espectadores para aceptar la teoría como verdad empírica, independientemente de las consecuencias educativas? Algunos científicos teóricos y productores de transmisión de video intentan hacer que la gente crea que la teoría es un hecho? Es esto un engaño teórico que "podría" o "podría" aumentar a medida que la transmisión de video en todo el mundo continúa lanzándose al público?

La mayoría de los espectadores no cuestionan algo fuera del ámbito de su comprensión. Parecería que no tienen el tiempo ni el entendimiento para investigar las muchas teorías que está introduciendo el mundo de la ciencia.

Lo mismo es cierto para las películas gráficas de fantasía de gama alta con actores integrados que aparecen en tramas intergalácticas. Algunas películas presentan dioses extranjeros que reclaman capacidades de creación. Cómo se agregará esto a la mezcla de alternativas creadoras que tendrán las nuevas generaciones mientras viven sus vidas en la era digital?

Recientemente, en una importante universidad, dos científicos teóricos intentaban resolver un fenómeno natural que les interesaba. Al mismo tiempo, estaban tratando de cumplir con su necesidad de un estudio que calificaría para una subvención federal. Los científicos observaron moscas domésticas con un conjunto completo de alas justo antes de su muerte, mientras que también notaron otras moscas domésticas que murieron con alas gastadas. Antes de las muertes de las moscas, que fueron aproximadamente de cuatro semanas, todas ellas lograron volar.

Los científicos aplicaron y recibieron una subvención para establecer un experimento controlado que consta de cuatro jaulas progresivas que representan cuatro semanas de vida de una mosca. Prepararon el experimento con la larva en la jaula de la semana uno. Cada semana trasladaban las moscas domésticas a la jaula de la semana siguiente. Lo mismo es cierto para las películas gráficas de fantasía de gama alta con actores integrados que aparecen en tramas intergalácticas. Algunas películas presentan dioses extranjeros que reclaman capacidades de creación. Cómo se agregará esto a la mezcla de alternativas creadoras que tendrán las nuevas generaciones mientras viven sus vidas en la era digital?

Recientemente, en una importante universidad, dos científicos teóricos intentaban resolver un fenómeno natural que les interesaba. Al mismo tiempo, estaban tratando de cumplir con su necesidad de un estudio que calificaría para una subvención federal. Los científicos observaron moscas domésticas con un conjunto completo de alas justo antes de su muerte, mientras que también notaron otras moscas domésticas que murieron con alas gastadas. Antes de las muertes de las moscas, que fueron aproximadamente de cuatro semanas, todas ellas lograron volar.

Los científicos aplicaron y recibieron una subvención para establecer un experimento controlado que consta de cuatro jaulas progresivas que representan cuatro semanas de vida de una mosca. Prepararon el experimento con la larva en la jaula de la semana uno.

Cada semana trasladaban las moscas domésticas a la jaula de la semana siguiente.

Los científicos intentaron fotografiar las moscas en la semana cuatro, pero encontraron que su equipo era inadecuado. En este punto, los científicos solicitaron una subvención federal más grande para obtener equipos más caros para su experimento. La concesión fue aprobada. Compraron cámaras de alta velocidad que podían fotografiar a 50,000 fotogramas por segundo. Esto les permitió observar, en cámara lenta extrema, el detalle minucioso de las alas de una mosca doméstica mientras volaban.

Lo que encontraron de su estudio fue asombroso. El experimento mostró que las moscas domésticas con las alas gastadas se adaptaron y aún podían volar usando solo sus patas para volar. Las moscas movieron sus seis patas hacia adelante y hacia atrás como un helicóptero, pero en direcciones alternas. Esto respondió la pregunta de por qué las moscas con alas gastadas podían volar, pero no respondía cómo.

Después de un estudio posterior, los científicos descubrieron que las moscas domésticas con alas gastadas podían flexionar el exoesqueleto de la parte superior de sus patas rápidamente durante el vuelo, convirtiéndolas en alas aerodinámicas que proporcionaban sustentación. Al invertir rápidamente la forma de la parte superior de las alas de la mosca, podrían permanecer en el aire.

Los científicos reconocieron que el experimento podría tener aplicaciones comerciales y militares. Inmediatamente presentaron una nueva subvención solicitando $ 1.2 millones, que fue aprobada. Adquirieron equipo adicional y personal para cubrir los costos más altos esperados. Los científicos también firmaron un contrato con un canal de ciencia de la televisión por tres cuartos de millón de dólares para una serie de tres partes protagonizada por celebridades de Hollywood.

Creíble? Para algunos puede ser, especialmente si se presenta como un hecho. Sin embargo, en este caso, toda la historia de la mosca es una fabricación, aunque altamente creíble para algunas personas. Señala el punto que la gente quiere creer. También señala que la ciencia teórica es muy importante y podría ser creída como verdadera. Podría esta historia fabricada ser un buen material para un canal de ciencia? Podría tener una posible aplicación comercial?

Las teorías terminan en libros de texto como hechos

Las teorías a veces terminan en libros de ciencia como hechos. Los canales de ciencias y los libros de texto del aula nunca incluyen las palabras que declaran que el material presentado es una teoría. Deberían ellos? Deberían los mensajes de advertencia estar en los libros de texto de ciencias?

Los hallazgos científicos empíricos y teóricos a veces se han invertido a través del tiempo.

Parece que las Juntas de Educación en los Estados Unidos no advierten a los padres y estudiantes que el material en sus libros de texto de ciencias aprobados puede ser teórico. Es importante que los estudiantes comprendan esto porque a veces los hallazgos científicos pueden cambiar drásticamente e incluso revertirse con el tiempo tanto en las ciencias teóricas como en las empíricas.

El material presentado en este libro de texto es teórico
Aunque es muy probable que algún día podría ser probado como verdadero, hoy no puede ser probado usando la ciencia empírica.

Se necesita ciencia teórica

La ciencia teórica desempeña un papel necesario en los estudios experimentales de misterios de vida y no vida que se encuentran en el Universo. La mayoría de las mentes son naturalmente curiosas, pero están buscando verdades. La ciencia teórica proporciona posibilidades, no hechos. Algunos científicos pueden estar en desacuerdo con esto. Hay un gran beneficio en desafiar a las mentes de las personas a pensar de manera externa.

En muchos casos, las teorías nunca se pueden observar. Un ejemplo es el Big Bang. Cómo sería posible retroceder 13.8 mil millones de años y observar el Big

Bang pasando? No sería posible. Pero, no hay ninguna razón para que la teoría no sea plausible. Con el uso de datos matemáticos sofisticados y observaciones relacionadas, existe consenso en que la teoría del Big Bang es muy cierta.

Algunas personas no pueden discernir la teoría del hecho

Los consejos escolares rara vez cuestionan las decisiones cuando aprueban libros de texto de ciencias que contienen teorías para las aulas, presumiblemente debido a una falta de comprensión total. Es muy probable que las juntas asuman que las teorías son hechos y dependen de la guía de científicos, gobiernos y en ocasiones tribunales. Podría haber implicaciones financieras federales si estos libros no se utilizan.

El big bang sigue siendo una teoría y debería enseñarse como tal a pesar de que es ampliamente aceptado y muy factual. La teoría podría revertirse algún día o modificarse. Sin embargo, la teoría del Big Bang se enseña en todos los sistemas educativos del mundo como si fuera un hecho comprobado. Las personas no pueden discernir la diferencia entre la teoría y los hechos, especialmente cuando no han sido informados de la diferencia.

Muy poco se puede probar empíricamente antes del año 9000 BC La mayor parte de lo que los científicos teorizaron antes de ese momento podría ser cierto, pero las teorías carecen de pruebas.

Debido a que las teorías siempre están sujetas a cambios, debería ser obligatorio explicarles a los estudiantes y padres la diferencia entre las teorías y los hechos?

Parte II

Capítulo 5

Los extraterrestres crearon humanos?

Casi, la mitad de las personas en el mundo creen que existen extraterrestres. Algunos creen que los alienígenas crearon seres vivos. Otros creen que están cerca para observar a los humanos en la Tierra y, tal vez, de vez en cuando robar un perro o tal vez un ser humano en una noche lluviosa y lúgubre.

Muy grandes platillos de radio que escuchan el espacio exterior dispersos alrededor de la Tierra están entrenados hacia los cielos escuchando los ruidos provenientes de alienígenas extraterrestres. Algunos entusiastas creen que los alienígenas en otros planetas pueden estar hablando consigo mismos o pueden estar intencionalmente llegando a otros planetas. Esperan que sea posible escuchar algún día conversaciones alienígenas con los platos que escuchan. Los platos para escuchar han estado operativos por más de 50 años.

En 1977, hubo una posible señal de ruido proveniente de algún lugar en el espacio exterior y recogió los instrumentos afinados del científico. El ruido fue recogido de un plato de sonido en una universidad importante y duró 72 segundos. El sonido nunca se pudo descifrar con éxito. Nada se ha escuchado así desde el espacio exterior desde entonces.

Mientras tanto, ha habido mucho ruido generado en el planeta Tierra en forma de ruido analógico o digital. Podría ser, después de escuchar la confusión en este planeta, los alienígenas decidieron no comunicarse con los seres terrestres?

La gente cree en los extraterrestres?

Hay una gran cantidad de exageraciones sobre los extranjeros en América del Norte y, para el caso, en todo el mundo. La gente quiere creer en las imágenes de alienígenas que han sido retratadas en las películas y en los canales de ciencia. Parece que la gente quiere creer que la vida extraterrestre realmente existe.

Si los alienígenas existen, deben estar observando el planeta Tierra a grandes distancias. Si están cerca deben tener una tecnología superior a la del planeta Tierra, lo que les permite ser invisibles y viajar a velocidades nunca antes vistas. El número de creyentes extranjeros en los Estados Unidos es ligeramente menor que en el resto del mundo, pero aún representa un número asombrosamente grande.

En el Reino Unido
52% cree en alienígenas, 44% cree en Dios

En los USA
34% cree en extraterrestres, 74% cree en Dios

Para complicar las cosas, hay ejemplos de posible vida alienígena en este planeta que desconciertan a muchos. En Nazca, Perú, hay restos de lo que la gente presume que es una pista de aterrizaje de la estación espacial en la cima de una montaña árida. Las tiras están cuidadosamente dispuestas en líneas muy largas e incluyen escorpiones y obras de arte de aves. La gente de esta región cree que los seres extraterrestres identificaron esta área como un lugar de aterrizaje para sus naves espaciales.

Desde el descubrimiento de las bandas aéreas, la historia alienígena fue refutada. Se determinó que estas notables formas de arte fueron construidas hace mucho tiempo por artesanos locales muy hábiles que usaban perchas elevadas para dirigir su trabajo de colocar rocas en intrincadas líneas y patrones. Aun así, muchas personas continúan creyendo que esto fue obra de extraterrestres y encuentran más pruebas, incluido un reciente informe en video de un extraño "extraterrestre" en una estación de servicio.

"Alien" Landing Strip en Perú

Las Naciones Unidas creen en extraterrestres

Aunque muchos científicos y presidentes han dicho que los extraterrestres no han visitado la Tierra, y sabiendo que no ha habido comunicaciones extraterrestres desde el espacio exterior en los últimos 50 años, las Naciones Unidas (ONU) decidieron incluir la existencia alienígena en su agenda. Parece que la ONU cree en extraterrestres.

Recientemente se nombró a un astrofísico para dirigir la nueva Oficina de Asuntos del Espacio Ultraterrestre de la ONU (UNOOSA). La cita se realizó debido a descubrimientos telescópicos recientes de siete planetas en las zonas habitables de otros sistemas solares dentro de la galaxia de la Vía Láctea.

Tal vez la ONU cree que los descubrimientos recientes han hecho que la apariencia de la vida extraterrestre sea muy probable en el futuro cercano. UNOOSA quiere ser el primer contacto de la Tierra con los extraterrestres y coordinar la respuesta de la humanidad cuando los alienígenas se acercan a la Tierra. UNOOSA siente que comprende las sensibilidades involucradas y podrá comunicarse con la vida extraterrestre. Debería la humanidad esperar que los alienígenas aterricen junto al edificio de la ONU en la ciudad de Nueva York donde reside la UNOOSA en lugar de una nación deshonesta?

Expertos jurídicos en derecho del espacio ultraterrestre

Hay expertos legales en derecho espacial que tienen contratos de consultoría con la ONU para asesorarlos sobre las implicaciones legales de las actividades espaciales. Creen que la primera reunión con extraterrestres será por señales de radio o microbios en lugar de encontrarse directamente con extraterrestres que pueden o no ser capaces de comunicarse con los humanos.

NASA yendo a Marte

Como parte de la próxima misión interplanetaria de la NASA a Marte, una nueva posición de oficial de protección planetaria hará planes avanzados para proteger la propagación de microorganismos entre los planetas de la nave espacial humana y el viaje del robot. El puesto requiere experiencia en el tema reconocida más conocimiento avanzado de protección planetaria.

Podrían los alienígenas comenzar la vida en la Tierra?

Si los extraterrestres crearon humanos, animales y plantas vivos en la Tierra, ¿cómo lo hicieron? Este tipo de creación solo podría suceder después de que el Universo y el planeta Tierra ya existieran y la Tierra ya no fuera volátil. Esto habría reducido drásticamente la cantidad de tiempo de los alienígenas para las creaciones en comparación con la línea de tiempo de creación del Universo.

Nadie parece estar argumentando que los alienígenas crearon el Big Bang, el Universo, las estrellas o el planeta Tierra. La mayoría de las conversaciones extraterrestres suelen ser sobre extraterrestres que crean seres vivos en la Tierra.

La teoría más común hoy en día es que los extraterrestres en realidad no visitaron la Tierra, sino que enviaron un meteorito lleno de aminoácidos que golpean la Tierra. Se dice que los meteoros han llevado alguna forma de vida dentro de ellos. La forma de vida se teorizó como aminoácidos enterrados dentro de un meteoro, viajando a través del espacio durante miles de millones de años en un frío extremo y finalmente colisionando con la tierra estéril.

Estos meteoros fueron intencionalmente apuntados y arrojados a la Tierra con extrema precisión con la intención de plantar vida en el planeta Tierra? Esto habría sido un desafío para los mejores ingenieros aeronáuticos del mundo. Habrían necesitado el último software para calcular la trayectoria adecuada de un meteoro para que apunte en la dirección correcta y a la velocidad correcta. Esto hubiera tenido una probabilidad extremadamente alta de fracaso.

Los alienígenas de alguna manera enviaron un meteoro
lleno de amino ácidos
que viajó por el espacio durante miles de millones de años sin morir
para plantar intencionalmente la vida en la Tierra?

Se han encontrado aminoácidos dentro de los meteoros que han golpeado la Tierra. Por sí mismos, es imposible que los aminoácidos creen las células vivas necesarias para la vida.

Las células vivas requieren información para existir

Los aminoácidos son un requisito de las moléculas de proteínas para la supervivencia. Las moléculas de proteína son uno de los principales componentes de todas las células vivas y son extremadamente complicadas. Esto se explicará en otro capítulo.

Para que existan moléculas de proteínas y para que sustenten la vida, necesitan más que aminoácidos. Necesitan información y sistemas. Sin ellos, las células vivas no pueden existir.

Los aminoácidos requieren información,
leyes y sistemas
para crear células vivas
fuera de átomos muertos

Los científicos dicen que los extraterrestres nunca visitaron la Tierra

Los alienígenas y los ovnis han sido estudiados por científicos durante muchos años. Estos estudios han demostrado que no hay evidencia sólida de que los extraterrestres alguna vez hayan visitado la Tierra.

Puede ser difícil para los científicos aceptar a los alienígenas como creadores, porque si lo hicieran, sería como decir que un pseudo-dios estuvo involucrado en creaciones en lugar de evolución o eventos aleatorios. La mayoría de los científicos descarta a los alienígenas como un candidato creador para el planeta Tierra.

Hay otros planetas como la Tierra?

Los astrónomos han estado buscando en los cielos durante años para encontrar vida en otro planeta como la Tierra. Recientemente, encontraron un planeta en otro sistema solar dentro de la Vía Láctea que posiblemente tenga vida en él. Dicen que el nuevo planeta es como la Tierra y se encuentra en la zona habitable de su sistema solar.

El problema de visitar este planeta, que está a 1400 años luz de distancia, es que tomaría 100 generaciones de personas a bordo de un cohete interplanetario para hacer el viaje. Sería como el arca de Noé en el mar durante 1400 años con crianza obligatoria para mantener la vida. Los entierros en el espacio serían comunes. Con suerte, se realizarán suficientes investigaciones para determinar si este planeta es realmente habitable antes de que un cohete despegue con los humanos a bordo. ¿Quién estaría dispuesto a tomar este largo viaje?

Las principales diferencias entre este planeta recientemente descubierto y el planeta Tierra son que el nuevo planeta es aproximadamente tres veces más grande que la Tierra y mucho más cerca de su sol. El planeta orbita cada 37 días en lugar de 365 días y nunca gira. Un lado es siempre brillante a 160 grados Fahrenheit mientras que el otro lado siempre está oscuro con temperaturas de 25 grados Fahrenheit bajo cero.

Los científicos dicen que hasta un veinte por ciento de los sistemas solares de la Vía Láctea contienen planetas que se encuentran en zonas habitables de sus propios sistemas solares. Con un estimado de 200 mil millones de sistemas solares, puede haber hasta 40 mil millones de planetas que tienen potencial de vida.

No one knows for certain if life beyond planet Earth exists. If life does exist, did aliens create living things including humans, or are aliens just a subject that some people enjoy pondering?

Capítulo 6

La evolución no es creación

La teoría de la evolución no tiene nada que ver con las creaciones, o lo que comúnmente se llama los orígenes de la vida. Las creaciones son el comienzo de la cadena de eventos de evolución para cada especie. Si bien es cierto que el origen de la vida está siendo explorado por los científicos, y las teorías han sido propuestas, el enfoque de la teoría de la evolución es cómo evolucionó la vida después de que se crearon las especies.

Creación
El acto de traer algo a la existencia Fuera de nada

La evolución no es el tema central de este libro. Por qué? Porque la evolución no tiene nada que ver con las creaciones. Este libro es sobre creaciones. Desde 1968, el término evolución ha sido utilizado por la intelligentsia para educar a los estudiantes en las escuelas públicas sobre cómo se crearon todos los seres vivos. Ha sido respaldado por los tribunales de EE. UU. Que emitieron sus fallos después de escuchar argumentos sobre el aspecto del diseño inteligente de la creación. El diseño inteligente fue gobernado como parte de la religión. Su dictamen establecía que solo los hallazgos científicos empíricos del mundo físico podrían discutirse en las clases de ciencias de las escuelas financiadas con fondos públicos.

Sin embargo, no hubo prohibición de enseñar creacionismo en clases cívicas o de filosofía. La Corte Suprema de los EE. UU. Nunca se pronunció sobre los aspectos empíricos de la evolución. Deberían tenerlo? La evolución, sin pruebas empíricas, se enseña como una prueba en la mayoría de las instituciones educativas.

Las clases de Evolution 101 en universidades prominentes en los EE. UU. Están empezando a enseñar que la evolución teórica no tiene nada que ver con la creación de especies. Estas clases ahora enseñan que la evolución es el estudio de los cambios genéticos que ocurren durante la evolución de las especies, no antes.

La evolución no tiene nada que ver
con el origen de una especie
sino cambios genéticos
después de que una especie ha sido creada.

Algunos pueden preguntarse por qué la intelligentsia tardó tanto en llegar a una conclusión tan obvia tras conocer durante 150 años lo que los biólogos teóricos Darwin y Wallace ya habían reconocido. Llevará otros 150 años educar a las juntas escolares y al público en general que la evolución no es lo mismo que la creación?

Los científicos han usado el término evolución para describir cómo comenzó la vida y cómo ha continuado en una larga cadena de eventos seriales durante los últimos 13 mil millones de años. Esto está empezando a cambiar. La biología de la evolución se trata de cómo la vida cambió después de su origen. No tiene nada que ver con el origen de una cadena genética de eventos. No tiene nada que ver con el origen de una especie o especie. Algunos tipos de evolución implican aleatoriedad, mientras que otros tipos implican la selección natural y la adaptabilidad.

Las nuevas clases de ciencias de la evolución enseñan que la evolución no siempre da como resultado que las especies vivas mejoren, como su capacidad para sobrevivir. La evolución produce cambios genéticos entre dos generaciones de seres vivos y puede ocurrir lenta o rápidamente con el tiempo. Puede suceder durante una generación o más. El comportamiento humano puede influir en los cambios de evolución. Los avances médicos pueden alterar la evolución humana. La selección natural no puede detectar lo que las necesidades futuras podrían ser de una especie en el proceso de evolución.

La evolución no tiene nada que ver con la creación de algo viviente de la nada. La evolución es diferente porque implica el estudio de seres vivos que evolucionan genéticamente de una generación a otra. De acuerdo con la definición de evolución, ha sido utilizado indebidamente repetidamente durante mucho tiempo.

Evolución

Un cambio, no creación,
en las características heredadas de una especie
a través de generaciones

La teoría de la evolución es una ciencia muy respetada y hace un trabajo sobresaliente de observar cómo las especies y los microorganismos han evolucionado. Sigue siendo un campo de la ciencia teórica, al igual que otros campos de la ciencia, porque hay muchas lagunas que faltan en el linaje del genoma de la especie. Es dudoso que algunas de estas teorías alguna vez puedan ser probadas empíricamente. Sin embargo, esto no significa que las teorías de la evolución no sean importantes, estén bien respaldadas y sean ampliamente aceptadas.

La evolución dentro de una especie es real

Cualquiera que haga simples observaciones familiares de abuelos, padres, hijos y nietos de más de cinco generaciones puede ver fácilmente una evolución notable. Las generaciones más nuevas parecen ser en general más fuertes, más inteligentes, más atractivas y, por lo general, más saludables. Sin embargo, a los países más pobres no les va tan bien.

Quizás estos cambios tengan lugar porque viven en mejores climas, tienen mejor comida, mejor medicina y mejor educación que las generaciones anteriores. Las familias humanas parecen estar evolucionando dentro de su especie a menos que su entorno sea estático.

La evolución es polémica

La evolución, como base para explicar la creación de seres vivos, ganó popularidad hace 150 años gracias a las teorías de investigación desarrolladas por Darwin en las Islas Galápagos. Con el tiempo, la teoría fue aceptada como un hecho. Las religiones se enfurecieron ante la mención de la evolución porque dijeron que contradecía las explicaciones de la Biblia, la Torá y el Corán sobre las creaciones de los seres vivos.

Algunos científicos han usado el término evolución, no solo cuando se habla de plantas y animales, sino también cuando se habla de la evolución del Universo y sus partes. En toda Europa, las personas han adoptado la teoría darwiniana de la creación más que cualquier otra parte del mundo, especialmente cuando se incluyen los humanos en la cadena evolutiva.

Humanos evolucionados de una especie diferente

	Si	no
Islandia, Dinamarca, Suecia, Noruega, Francia, Japón, Reino Unido	80%	16%
España, Alemania, Italia, Irlanda	70%	24%
Polonia, Grecia, Bulgaria	50%	36%
US	40%	40%
Turquía	25%	50%

La mayoría de las especies creadas hace 300 millones de años

Después de que se creó la Tierra, estuvo vacía de seres vivos durante más de cuatro mil millones de años. Este es un período difícil en el estudio de los pasos de creación para los científicos en la construcción del pasado debido a la extrema volatilidad de la Tierra. Al igual que la Tierra, todos los demás planetas del sistema solar aparentemente fallaron en producir vida en este período de tiempo también.

Hoy algunos paleontólogos teóricos creen que hay suficiente evidencia para demostrar, incluso con enlaces perdidos, que las especies han evolucionado en otras especies a lo largo del viaje evolutivo de la Tierra. Otros científicos miran los eslabones perdidos con escepticismo.

Se ha pedido a algunos científicos teóricos que proporcionen pruebas de cambios en el genoma o cromosomas heredados que promovieran la evolución de una especie a otra. Ningún científico ha sido capaz de hacer esto.

Hay ejemplos de mutaciones Genéticas o procesos evolutivos que cambió información en el genoma?

La respuesta a esta pregunta fue que la creación de la mayoría de las especies importantes sucedió hace mucho tiempo y no ha sucedido en los últimos 300 millones de años.

Las especies de hoy en día son todas descendientes de antepasados hace 300 millones de años.

Hay un malentendido popular de evolución por el hombre común que dice peces convertidos en reptiles, etc.

Esa no es la forma en que es en absoluto.

Hay algunos científicos que dicen que hay un malentendido popular entre la persona promedio sobre cómo funciona la evolución. Esto es contrario a la creencia popular que se enseña en las instituciones educativas. Algunos científicos dicen que si hubo pasos de evolución de una especie a otra, tuvo lugar hace mucho tiempo para rastrear.

Es posible que la teoría de la creación enseñada sobre la evolución ya no sea cierta? Los fósiles encontrados hoy simplemente muestran un rastro de linaje dentro de su propia especie? Algunos científicos teorizan que tienen fósiles que muestran un posible vínculo de un tipo de especie a otro, pero no tienen ninguna prueba.

La mayoría de los paleontólogos teóricos apuntan al Gran Cañón como uno de los mejores ejemplos de la historia arqueológica del planeta Tierra.

Las estimaciones sitúan la edad de la Tierra en algún lugar hace unos 4.500 millones de años. El Gran Cañón representa los últimos dos mil millones de años de la historia de la Tierra. Las plantas y animales fosilizados se encuentran en capas de sedimentos depositados.

En algún lugar cerca de la cima del cañón a unos 300 millones de años es donde los científicos han encontrado una gran cantidad de registros fósiles. Ellos teorizan que este debe ser el comienzo de las creaciones de algunas de las especies vivientes más importantes. Al menos 200,000 de las más de cinco millones de especies que se sabe que existieron en los últimos 300 millones de años parecen haber sido creadas durante este tiempo. Muchas de las especies identificadas por los registros fósiles se han extinguido hoy.

Grand Canyon

Antes de este período, hace unos 1500 millones de años, se dice que apareció el protozoo, el primer animal unicelular de la Tierra. Los animales con caparazón duro aparecieron hace 500 millones de años. Los humanos aparecieron mucho más tarde.

Mapas de ADN Nuestros antepasados Regresaron al 250,000 AC

Más recientemente, los investigadores científicos han documentado el ADN mitocondrial genético de 100,000 especies, llegando a la conclusión de que el 90 por ciento de todas las especies animales que viven hoy tuvieron su inicio hace aproximadamente 250,000 años, después de un evento cataclísmico desconocido en la Tierra que aparentemente eliminó muchas especies. .

90 por ciento de todas las especies animalesque estan vivos hoyTiene su inicio hace 250.000 años

Estos mismos investigadores afirman que, en lugar de que las especies evolucionen continuamente hacia otras especies durante millones de años de evolución gradual, la mayoría de las especies animales iniciales comenzaron en este momento distinto en la Tierra y evolucionaron dentro de la especie desde ese punto en adelante.

Cómo comenzó la evolución?

Los científicos no pueden mostrar cómo comenzó la cadena de evolución para los seres vivos. Debe haber habido un comienzo. Los extraterrestres o los eventos aleatorios crearon seres vivos? En otras palabras, qué impulsó el comienzo de la creación de los seres vivos de la nada?

La herramienta de datación de carbono

La datación por carbono es un método utilizado para determinar cuánto tiempo hace que murió una planta muerta o un animal. Los científicos descubrieron que cuando los rayos cósmicos colisionan con nitrógeno en la atmósfera, se forma carbono-14. El carbono-14 es continuamente absorbido por todas las plantas y animales vivos mientras están vivos.

Cuando las plantas o animales vivos mueren, dejan de absorber carbono-14 y comienzan a perderlo a una velocidad conocida. Para determinar la edad de una planta muerta o animal, se realiza una comparación entre el nivel de carbono 14 en los seres vivos en comparación con el nivel de carbono 14 encontrado en las cosas muertas que se están examinando.

Los hallazgos de carbono 14 pueden ser controvertidos y difíciles de aceptar para los jóvenes creacionistas de la Tierra que creen que la Tierra se formó hace entre seis y diez mil años.

Datación por carbono

- **Los rayos cósmicos colisionan con nitrógeno en la atmósfera formando carbono-14.**
- **C-14 es absorbido por todos los seres vivos.**
- **Cuando los seres vivos mueren, dejan de absorber C-14 y comienzan a perder sus niveles de C-14 a una velocidad conocida.**
- **El nivel actual de C-14 en algo muerto se compara con el nivel de vida de C-14 para determinar cuánto tiempo hace que murió.**

Cuando se encuentra un libro viejo que está hecho con fibra de un árbol vivo, la edad del libro puede determinarse por el proceso del carbono 14. Los registros fósiles se encuentran continuamente en todo el mundo y datados con carbono para determinar su edad. Una cueva de 44,000 años en Sudáfrica está revelando registros de artefactos bien conservados utilizados en la vida cotidiana de sus habitantes.

En una cueva fuera de Jerusalén, se han encontrado conjuntos de dientes de homo sapiens y fechados en carbono hasta 400,000 a. Los dientes estaban en excelente forma e indicativos de los dientes que se encuentran en los humanos hoy en día.

La evolución no es lo suficientemente poderosa como para crear

Las teorías de la evolución han proclamado que a partir de un animal protozoario unicelular, todos los seres vivos evolucionaron durante cientos de millones de años a partir de mutaciones aleatorias y selección natural.

Algunos biólogos están en desacuerdo y dicen que no habría suficiente tiempo en la historia de 13 mil millones de años del Universo para crear los cinco millones de especies que se han registrado.

Ciertamente no habría habido suficiente tiempo en los últimos 300 millones de años en el planeta Tierra.

Los científicos han descubierto que las moléculas de proteínas, el requisito básico para las células vivas, son diferentes para cada especie.

Descubrieron que se necesitan 139 moléculas de proteína, más información, para crear un animal protozoario unicelular. Dicen que también toma más de 100.000 moléculas de proteínas diferentes para crear seres humanos.

Una teoría de la evolución temprana afirmó eso de un Protozoa unicellular evolucionado todos los seres vivos en la Tierra hoy durante millones de años por selección al azar

Con tantas como cinco millones de especies y 100.000 proteínas diferentes requeridas para las células de las especies más complejas, el número de pasos de evolución necesarios para crear moléculas para todas las especies sería desalentador.

Tomaría literalmente billones y trillones de pasos sin ninguna posibilidad de falla única entre los pasos para desarrollar moléculas de proteínas.

- **Las moléculas de proteína son diferentes para cada especie. Se necesitan 139 moléculas de proteína más información y sistemas para crear el animal Protozoa más simple en la Tierra.**
- **Hay más de 100,000 moléculas de proteínas diferentes necesarias para crear humanos, y hay más de 5 millones de especies conocidas.**
- **Si se necesitaban mil pasos de evolución para una sola molécula de proteína, tomaría billones de pasos para desarrollar todas las moléculas de proteína necesarias para todas las especies.**
- **No habría habido tiempo suficiente para evolucionar humanos en los 300 millones de años disponibles de los 4.5 billones de años de la existencia de la Tierra.**
- **Los científicos no pueden explicar los caminos evolutivos de las moléculas de proteínas o las células vivas.**

Si todos estos pasos de creación se combinaran, habría tomado mucho más tiempo que el Universo ha estado en existencia. Las creaciones de moléculas de proteína habrían requerido más tiempo que la edad del Universo de 13.800 millones de años.

Después de 60 años de enseñar la evolución como agente creador, el sesenta por ciento de todos los maestros de escuelas públicas todavía tienen dificultades para explicar cómo la creación de átomos surgió de la nada. Los cursos obligatorios de capacitación se están diseñando para ayudarlos a comprender la evolución del agente creador de la evolución. Al final de esta nueva capacitación, ¿estos cursos serán suficientes para que los maestros expliquen la creación de la nada?

Después de 60 años de enseñanza en escuelas públicas.Esa evolución es un agente creador.El 60% de los profesores todavía tienen dificultades para explicar.Cómo la creación de átomos de la nada.se produjoCursos de formación de nuevo desarrollo.intención de mostrarles" Qué está causando las creaciones?" Funcionarán estos nuevos cursos?

Deberían los teólogos tomar cursos de ciencia de la creación para complementar sus enseñanzas de la

Biblia? Ayudaría esto a cerrar la brecha informativa para jóvenes estudiantes, así como adultos, explicando cómo la fe y la creación científica se complementan entre sí? La evidencia de los teólogos actuando sobre esto parece difícil de encontrar. Es la reacción de la congregación el problema?

Deberían los teólogos considerar tomar un curso de ciencia de la creación?

Los científicos no pueden explicar cómo evolucionó una sola molécula de proteína. No pueden explicar el camino evolutivo de incluso el más simple de los animales unicelulares. Crear animales y plantas vivos multicelulares es mucho más complicado de lo que cualquiera pueda imaginar.

Alguna vez alguien sabrá cómo preparar el comienzo de la cadena evolutiva para cada especie? O dicho de otra manera, alguna vez alguien descubrirá cómo crear seres vivos a partir de la nada más que átomos muertos?

Capítulo 7

Hizo eventos al azar
Crea el Big Bang

Si un alienígena no es un creador, solo quedan dos opciones: eventos aleatorios o Dios. Entonces, qué creó eventos aleatorios? Cómo sabe un evento aleatorio cómo crear? Tal vez suena como una pregunta extraña, pero tal vez una buena pregunta. Si los eventos aleatorios son lo suficientemente poderosos como para ser un creador, entonces deben ser entendidos más.

Es evidente que la creación de eventos aleatorios se considera científica porque cuenta con el respaldo financiero de instituciones y fundaciones de financiación privadas y públicas. Por qué la creación de eventos aleatorios se considera científica? Siguiendo la definición, los eventos aleatorios no parecen ser muy confiables.

Se podría considerar que la investigación de extraterrestres que lanzan meteoros con aminoácidos se considere científica y esté disponible para su financiación? Alguna vez se aprobaría el financiamiento de la investigación para estudiar a un creador espiritual del Universo?

Cuál es el Big Bang?

Los científicos teóricos dicen que el Big Bang ocurrió hace 13.800 millones de años, creando el Universo y miles de millones de galaxias, estrellas y planetas. Han calculado un calendario de eventos que deben haber sucedido, incluidos los eventos que ocurrieron en picosegundos o una billonésima de segundos antes de que comenzara el Big Bang.

El cronograma del Big Bang muestra creaciones de eventos aleatorios de piezas de átomos en pasos de una trillonésima de segundo. El Big Bang no ocurrió como un solo paso. Múltiples eventos aleatorios habrían estado involucrados. De hecho, billones de eventos aleatorios estuvieron involucrados. Un solo evento aleatorio tendría que tener una disciplina extrema para crear con éxito su paso entregable del Big Bang.

Una de las características de los eventos aleatorios es que nunca pueden suceder. Si solo se interrumpiera un paso del horario de Big Bang, ese paso de creación perdido tendría el potencial de detener la finalización de todo el Big Bang y el Universo. Cada paso de la creación que siguió, incluida la creación de la Tierra y todos los seres vivos, nunca habría sucedido.

El horario del Big Bang

1 millón de años más tarde	**Primeras estrellas comenzaron a brillar Hidrógeno y Helio átomos creados**
1 hora más tarde	**se crea neutrón de helio**
0 tiempo --- El Big Bang ---	
1 milisegundo antes de	**creado Protón de hidrógeno de**
1 picosegundo antes de la	**4 fuerzas fundamentales en materia creada (gravedad, fuerza fuerte, fuerza débil, y electromagnético) más quarks y bosones**

Pretende que TÚ eres un evento aleatorio

Si los eventos aleatorios son responsables de las creaciones, entonces, para comprender esto más completamente, sería ventajoso observar un evento aleatorio a través de una perspectiva humana. Entonces, imagina que eres un evento aleatorio. De esta forma, el evento aleatorio revelaría todos los pasos de creación que usó para diseñar, producir y operar el Universo.

Las creaciones del Universo, la Tierra y los seres vivos por eventos aleatorios, al parecer, deberían incorporar procesos de pensamiento humanista como la toma de decisiones. Esto no podría lograrse con una simple máquina o robot, incluso con inteligencia artificial. La inteligencia artificial es un producto de la humanidad, por lo que se descarta como un evento aleatorio. Eliminar los procesos de pensamiento humano haría que los eventos aleatorios no funcionaran como un agente creador.

En el comienzo mismo de las creaciones antes del Big Bang, los eventos aleatorios deberían comenzar en un espacio oscuro y profundo completamente vacío de todo. Parece que debería haber algún tipo de bienes raíces involucrados, como el espacio exterior. Aquí es donde comienza el primer paso para crear algo de la nada. Los científicos han supuesto que la materia oscura, la gravedad, la energía y la materia del bosón ya existían en el espacio vacío, de alguna manera, incluso antes del Big Bang. Cómo crearon los eventos aleatorios todos los precursores del Big Bang?

Un evento aleatorio necesitaría decidir de antemano dónde colocar este Universo recién creado en el espacio exterior. Los eventos aleatorios tendrían que ser intencionales; de lo contrario, cómo podría existir un planeta como la Tierra y sus habitantes? Pero si los eventos aleatorios son intencionales, entonces no pueden ser un evento aleatorio.

Un evento aleatorio tendría que saber de antemano, o adquirir un conjunto de habilidades para saber cómo diseñar un átomo, así como los sistemas y leyes de la ciencia que lo respaldan. El evento aleatorio también debería tener conocimiento sobre cómo diseñar y operar una máquina de átomos perpetuos perfectamente diseñada.

Un átomo es, con mucho, el mejor ejemplo de un diseño perfecto. Los átomos nunca se detienen. Reducen la velocidad un poco y aceleran un poco debido al frío o al calor, pero siguen funcionando. . . sin pilas . . sin liquidación. . . sin intervención humana . . sin mantenimiento. . . una máquina perfecta.

Antes de que se creara el primer átomo, un evento aleatorio tenía que haber diseñado y creado sistemas y leyes científicas para que un átomo fuera operacional. Estas creaciones se convertirían en la información y el pegamento operacional que unirían a esta invención atómica recién creada, incluida la operación perpetua de la misma.

Al expandir el diseño del primer átomo en átomos mucho más complicados, se necesitarían diseños avanzados para crearlos. Esto sería especialmente cierto ya que los átomos múltiples se unieron formando moléculas. Cada átomo y molécula debería diseñarse antes de tiempo con usos planificados específicos, funcionalidad, pesos, sabores y colores, solo por nombrar algunos.

Todo en el universo está hecho completamente de átomos. Eso incluye a los humanos. Cada cabello Cada hueso Todo.

Un evento al azar tendría que pensar en el futuro para diseñar un átomo de oro para asegurarse de que podría usarse para decoraciones o conductividad eléctrica. Los átomos de carbono y oxígeno tuvieron que diseñarse antes como alimento para los seres vivos.

Hasta ahora, es obvio que se necesitaría un evento aleatorio muy especial para diseñar átomos, y esto es solo el comienzo de los eventos de diseño necesarios para crear un universo completo.

Por qué un evento aleatorio diseñaría y crearía un átomo de oxígeno sin un propósito intencional?

Diseñar sobre la marcha no funciona

Diseñar y crear sobre la marcha para cada paso de la nueva creación que aparece durante la creación del Universo no funciona. Debe haber continuidad en todos los pasos desde las creaciones del big bang hasta las creaciones de los seres vivos.

El Universo es el resultado perfecto de un continuo de pasos de creación ininterrumpida sin fallas. Todos los pasos de creación nuevos fueron en serie. Algunos podrían haber sido paralelos, pero los importantes fueron seriales.

No hay posibilidad de error en las creaciones continuas seriales. El número de pasos de creación en billones. No hay posibilidad de error o la cadena de eventos está rota, y los pasos de creación restantes nunca sucederán. Esto es especialmente cierto en el momento del Big Bang cuando se construyeron los cimientos del Universo.

Si los eventos aleatorios fueron responsables de la distribución de los átomos, por qué no todos los planetas tienen los mismos tipos y cantidades de átomos? Hubo distribución selectiva? Si hubo una distribución selectiva de átomos solo para la Tierra, cómo lo lograron los eventos aleatorios y por qué?

Todos los eventos de creación se miden por la probabilidad, o probabilidades, de que puedan ocurrir. Cuando se habla de números grandes, los científicos usan lo que se llama notación científica. Si hablan sobre la probabilidad, o la posibilidad, de que algo ocurra como algo muy remoto, podrían decir una posibilidad entre 10 y ^{10th}, o 1 en 10^{10th}.

Probabilidad

Una rama de las matemáticas lidiando con la oportunidad que ocurrirá un evento

Esto es una abreviatura de una oportunidad en 10,000,000,000 de posibilidades. Este es un gran número que debe abreviarse; de lo contrario, las páginas se llenarían con ceros para eventos que tengan probabilidades remotas de suceder.

Aquí hay algunos ejemplos de notación científica:

10^3 = 1,000
10^9 = 1,000,000,000
10^{81} = 1,000,000,000,000,000,000,000,
000,000,000,000,000,000,000,
000,000,000,000,000,000,000,
000,000,000,000,000,000

Para mostrar el impacto de las probabilidades en nuestra vida cotidiana, durante el torneo de baloncesto masculino de la NCAA 2014, una persona hizo una oferta de mil millones de dólares a cualquier persona en el mundo que pudiera llenar el grupo de baloncesto de la NCAA con 100% de ganadores y puntajes correctos.

Nadie ganó. La persona que hizo la oferta sabía que las probabilidades de obtener todas las respuestas correctas era una posibilidad en 10^{18} oportunidades, o una posibilidad en 1,000,000,000,000, 000,000 posibilidades.

Siete mil millones de personas en el planeta Tierra armadas con supercomputadoras no pudieron dar con las respuestas del corchete rellenas correctamente. La persona que hizo la oferta no era tonta porque era imposible perder el dinero sabiendo las probabilidades de ganar.

Mayor que 10^{50} Nunca ocurrirá

Hace mucho tiempo, un matemático teorizó que un solo evento aleatorio complejo mayor que 1 posibilidad en 10^{50} las posibilidades nunca sucederán La mayoría de los pasos individuales en las creaciones del Universo exceden estas probabilidades. Los pasos que tienen menos de estas probabilidades generalmente forman parte de una serie de eventos en serie que, cuando se toman en conjunto, resultan en probabilidades mucho más altas.

Todos los eventos de creación son eventos complejos. Un simple evento aleatorio sería como la lotería. La lotería de 33 estados es difícil de ganar, con probabilidades de una oportunidad en 108 oportunidades, o una posibilidad en 195,000,000 de posibilidades de ganar. Si una persona comprara cien millones de boletos de lotería de un dólar, ¡todavía tendría solo un 50 por ciento de posibilidades de ganar!

Algunos científicos sostienen que las estadísticas estándar utilizadas para medir las probabilidades de creación complejas no son válidas. Dicen que una versión modificada de las estadísticas desarrolladas para que realicen cálculos teóricos de la física cuántica ofrece más vistas correctas del Universo y niega las estadísticas estándar.

Los filósofos argumentan que incluso con un 10^{50} regla de la imposibilidad todavía existe la única posibilidad de que un evento aleatorio todavía pueda ocurrir.

Cuán grande creen que el número debe ser antes de que un evento aleatorio nunca ocurra? Es una oportunidad en $\mathbf{10^{100}}$ posibilidades o más? Qué número toma antes de que los eventos de creación nunca sucedan aleatoriamente?

Recuerde, cada uno de los eventos de creación son eventos seriales complejos, y cada evento depende de la finalización del evento anterior, o el próximo evento nunca ocurrirá. Hay literalmente billones de pasos de creación complejos que conforman las creaciones del Big Bang. Ninguno de estos pasos de creación alguna vez falló.

Que tan grande es 10^{50}?

Te imaginas un rollo de una pulgada de largo, 50-50 boletos de rifa envueltos en todo el mundo 700 mil millones, mil millones, mil millones, mil millones de veces? Con solo un intento, se podría seleccionar un ticket ganador? Alguien podría ganar?

Ese es el tipo de probabilidades de ganar que el matemático entiende claramente: una oportunidad de ganar 10^{50} posibilidades o mayores nunca podrían suceder.

Desde la creación de un átomo hasta la creación de los humanos, algunos científicos teorizan que los eventos aleatorios son el único creador de todo lo que alguna vez hubo o habrá. Puede esto ser cierto dadas las probabilidades remotas?

Lo que tomó para formar el universe

Parece que hubo requisitos básicos que debieron cumplirse para que ocurriera el Big Bang. De qué otra forma podría suceder algo tan complejo con tales resultados cósmicos?

No puede suceder la regla

Eventos aleatorios complejos con una probabilidad
más de 1 oportunidad en 10^{50} posibilidades
nunca ocurrirá.

10^{50} = una oportunidad en
100,000,000,000,000,000,000,000,000,000,
000,000,000,000,000,000,000 posibilidades

Si cada oportunidad fuera de una pulgada de ancho
se envolvería alrededor del mundo
700,000,000,000,000,000,000,000,
000,000,000,000,000,000 veces.

Crear y operar un universo tiene similitudes con la creación y operación de una computadora. Ambos son extremadamente complicados y requieren precisión. Ambos se basan en pasos previos creados y operados con éxito, o no se realizarán los siguientes pasos de creación y operación.

Aquí hay algunos de los requisitos básicos de diseño que los eventos aleatorios deben comprender para crear el Universo.

- **Todos los eventos de creación fueron eventos complejos.**
- **Todos los eventos de creación se ejecutaron en serie.**
- **Las leyes de la ciencia y los sistemas se crearon antes del primer evento de creación.**
- **Los eventos complejos de creación aleatoria con una probabilidad mayor a 1050 nunca deberían haber sucedido, pero lo hicieron.**
- **Ninguno de los trillones de eventos de creación en serie falló alguna vez.**

Cada uno de los millones de componentes y puertas dentro de una computadora debe funcionar perfectamente a lo largo de la vida de, tal vez, seis años. Un universo debe hacer lo mismo por al menos 13 mil millones de años.

Los datos digitales viajan a través de circuitos principalmente en rutas en serie. Para aumentar la confiabilidad, los fabricantes de computadoras a veces crean rutas paralelas, lo que aumenta la confiabilidad pero también aumenta los costos.

La predicción de las tasas de éxito para el funcionamiento de una computadora implica la multiplicación de las tasas de éxito de cada componente individual por las tasas de éxito de todos los demás componentes. Si la tasa total es menos del 100 por ciento perfecta, es probable que la computadora no se ejecute por mucho tiempo. Esto también es cierto para el funcionamiento del Universo.

Creando y operando un Universo es mucho más difícil que crear y operar una computadora porque la tasa de fallas debe ser casi cero.

Si alguno de los pasos de creación o de operación hubiera fallado a lo largo del camino de la creación del Universo, hoy no existiría el Universo.

Obviamente, los pasos de creación del Universo tuvieron tasas de éxito extremadamente altas, o no habrían durado más de 13 mil millones de años.

Crear un universo es muy complicado

Lo que sea creado, el Universo tenía que ser muy poderoso y altamente inteligente. Si fue creado por extraterrestres, eventos aleatorios o Dios, involucró poderes que tal vez nunca sean empíricamente probados o intelectualmente comprendidos por los humanos hoy en día.

Crear algo de la nada en un espacio vacío desconcierta a las mentes más brillantes. Los científicos que estudian micro secciones de la creación del big bang hacen descubrimientos casi a diario. Ninguno de los descubrimientos comienza a acercarse a explicar creaciones de la nada del Universo y sus habitantes vivientes.

Cómo podría un continuo de billones de eventos aleatorios seriales crear algo tan complejo como un Universo? La definición de un evento aleatorio hace esto imposible. Un evento aleatorio no es predecible. Eso significa que podría suceder dentro de un segundo, dentro de un año, dentro de mil millones de años o nunca.

La probabilidad de que ocurra un evento aleatorio con precisión de diseño es muy remota porque un evento aleatorio no es influenciado por las ideas o acciones de cualquier cosa. Debido a que nadie puede predecir cuándo ocurrirán los eventos aleatorios, no hay posibilidad de que algo pueda influir en él sin cambiar el significado del azar.

Los eventos aleatorios no funcionarían bien para crear el Big Bang porque requirió millones de eventos aleatorios para crear el Universo y los eventos aleatorios a veces nunca ocurren.

Los eventos de creación secuencial de un Big Bang DEBE ocurrir siempre.

Las creaciones nunca deberían haber sucedido

Con billones de complejos eventos de creación requeridos desde el Big Bang hasta los seres humanos, parece imposible que el Universo pudiera haber sido creado al azar.

Las leyes de la ciencia y los sistemas tuvieron que ser creados primero incluyendo la gravedad, la masa, la energía y la fuerza. Todos tenían que estar en su lugar antes de poder crear el Big Bang. Algunos de los físicos teóricos y cosmólogos han calculado la posibilidad de que estos requisitos previos estén en su lugar antes de que comience el Big Bang.

Chance Leyes de ciencia y sistemas	**$10^{?}$**
Fuerte relación de fuerza nuclear / electromagnética	**10^{16}**
Relación de gravedad y fuerza electromagnética	**10^{40}**
Valor de densidad de masa	**10^{59}**
Valor constante de densidad de energía espacial	**10^{120}**
Velocidad de Expansión del Universo	**10^{55}**
Relación de electrones a protones	**10^{37}**
Ocurre que el Big Bang sucedió al azar	**$10^{9,221,000,000}$**

Es posible con las probabilidades astronómicas del Big Bang que ocurren al azar y con todas las piezas que tenían que estar en su lugar en la secuencia adecuada para que el big bang pudiera haber ocurrido?

Capítulo 8

Qué creó los átomos

Hay científicos que teorizan que los átomos fueron creados por eventos aleatorios durante el Big Bang. Dicen que millones de años después, los átomos se distribuyeron aleatoriamente por todo el Universo formando estrellas y planetas. Se han propuesto muchas teorías sobre cómo se ejecutaron los pasos de creación, comenzando con el big bang y terminando con las creaciones de galaxias, estrellas y planetas.

Los seres humanos están cien por ciento hechos de átomos. La forma en que se crearon los átomos rara vez se habla, y sin embargo, son de vital importancia para el cuerpo humano.

Por ejemplo, una sola célula humana contiene 10^{80} átomos. Esta es una cantidad extremadamente grande de átomos dentro de una sola célula. Sabiendo que hay 13 billones de células en un cuerpo adulto con 10^{80} átomos en cada celda, da una indicación de cuán difícil sería un trabajo calcular la cantidad total de átomos en el Universo. Algunos científicos han intentado calcular este número, pero sus respuestas no se consideran lo suficientemente importantes como para debatir.

Las creaciones son complicadas

Cada átomo en el Universo es idéntico a cualquier otro átomo de este tipo, sin importar dónde se encuentre. Un átomo de hidrógeno que se encuentra en un planeta lejano es idéntico a un átomo de hidrógeno que se encuentra en la Tierra. Los átomos están hechos de las mismas piezas intercambiables llamadas electrones, neutrones y protones.

Los átomos se basan en cosas invisibles llamadas leyes, sistemas e información de la ciencia. Estos permiten que los átomos funcionen sin fin. Esto es discutido raramente por científicos o teólogos cuando hablan de creaciones.

Además de los átomos que se encuentran en nuestros cuerpos, los átomos están en todas partes. Todo lo que ve, toca, prueba, oye o huele está hecho de átomos. Todo lo que está vivo o muerto está hecho de átomos. No importa si es una roca, girasol, caballo, humano o agua.

Los átomos en el planeta Tierra son abundantes y se encuentran en los tipos y cantidades exactas necesarios para mantener la vida.

Menos del uno por ciento del espacio en el Universo está compuesto de átomos; el resto no es más que espacio vacío. La inmensidad del espacio parece inimaginable cuando se compara el tamaño relativamente pequeño del planeta Tierra con la inmensidad del Universo o incluso la Vía Láctea.

El origen de los átomos y su papel en el Universo es una maravilla que se enseña en los libros de texto de ciencia de séptimo grado. El tema de cómo llegaron a existir los átomos está cubierto en aproximadamente dos oraciones sin una explicación detallada de sus creaciones.

Los átomos son los bloques de construcción de todo

Al reorganizar los electrones, protones y neutrones de los átomos existentes, los científicos pueden construir nuevos átomos. La tabla atómica contiene los nombres de aproximadamente veinte nuevos átomos que los científicos han producido al reorganizar las piezas atómicas.

Esto no es creación. Esta es la producción de nuevos átomos, pero aún es una hazaña increíble que los científicos son capaces de lograr.

A veces, los átomos se convierten en otros átomos o partículas a medida que se descomponen. Estas partículas nunca desaparecen. Permanecen para siempre y se reciclan.

Una molécula se compone de dos o más átomos. Una célula está hecha de millones de moléculas. Los bebés comienzan con unas pocas células y crean millones de células nuevas diariamente durante su período de crecimiento. A medida que los adultos envejecen y se acercan a la muerte, pierden millones de células diariamente.

Qué son los átomos?

Atom es una palabra utilizada hace 2500 años por un filósofo y matemático griego llamado Demócrito. Él acuñó el término después de recoger un puñado de arena y quitar todos los granos excepto uno.

Él aplastó el grano de arena restante entre dos superficies lisas y luego eliminó todas las partículas de subgrano excepto una.

En este punto, Demócrito apenas podía ver la partícula restante. Teorizó que si continuaba el proceso, las partículas se volverían cada vez más pequeñas hasta que solo quedara la partícula invisible más pequeña. Llamó a su partícula teórica invisible un átomo. Le tomó 2300 años para que su teoría ganara interés con otros científicos.

En algún momento durante la explosión del Big Bang, se teoriza que se creó un protón de hidrógeno seguido por un electrón que crea el primer átomo de hidrógeno completo. El hidrógeno es el único átomo sin un neutrón en su núcleo.

Después de que se creó el átomo de hidrógeno, se creó un átomo de helio. Este átomo tenía una nueva partícula añadida a su núcleo llamada neutrón que le daba dos electrones, dos protones y dos neutrones.

De acuerdo con la teoría del Big Bang, la primera partícula atómica creada fue un protón de hidrógeno y fue seguida por la creación de un neutrón de helio. En la superficie, parecía una creación simple, pero, de hecho, era una creación muy complicada.

El horario del Big Bang

1 millón de años más tarde	Primeras estrellas comenzaron a brillar **Hidrógeno y Helio** átomos creados
1 hora más tarde	se crea neutrón de helio
0 tiempo --- El Big Bang ---	
1 milisegundo antes de	creado Protón de hidrógeno de
1 picosegundo antes de la	4 fuerzas fundamentales en materia creada (gravedad, fuerza fuerte, fuerza débil, y electromagnético) más quarks y bosones

El calendario teórico del big bang no menciona en qué punto se crearon los electrones. La suposición es que fueron creados previamente y disponibles a pedido para completar la creación de los átomos de Hidrógeno y Helio, así como otros átomos que seguirían.

Además, debe tenerse en cuenta que en la tabla de Big Bang, hay eventos que comenzaron antes del tiempo cero, como la creación de leyes científicas, sistemas y partículas subatómicas de bosones.

Algunos físicos teóricos han declarado que no hubo ningún creador de Dios durante el Big Bang porque el tiempo se detuvo y por lo tanto Dios no podría existir. Es evidente que hay muchos eventos antes del Big Bang, lo que significa que el tiempo no se detuvo como se teorizó.

El noventa y ocho por ciento de un átomo es espacio vacío. Los neutrones y protones están en el medio formando el núcleo. El núcleo contiene el noventa y ocho por ciento del peso de un átomo. El otro dos por ciento del peso está en electrones que rodean el núcleo. Los electrones giran alrededor del núcleo a 186,000 millas por segundo. Sorprendentemente, a esta velocidad, el átomo siempre permanece unido y no se separa ni se colapsa. Las leyes y los sistemas científicos hacen posible que esta creación suceda.

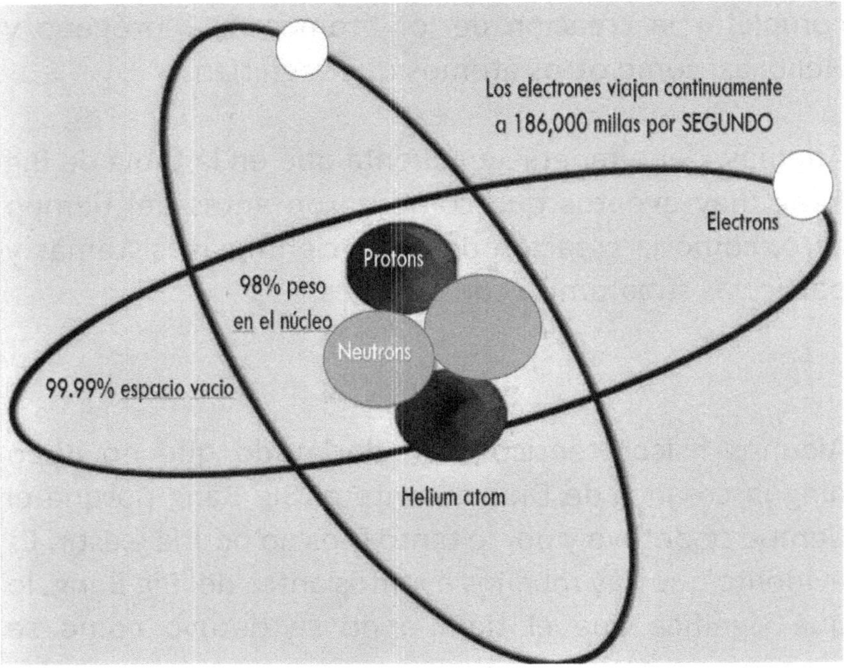

Átomo de helio - una máquina de movimiento perpetuo

La masa o peso de cada átomo se muestra en la tabla atómica.

A medida que se completaba el plan para la creación de un átomo y se creaba el átomo, se crearon y distribuyeron cientos de átomos diferentes por todo el Universo. Estos átomos se han identificado y enumerado en la tabla atómica de hoy. Los primeros ocho átomos son más ligeros que el aire. De hecho, flotan en la atmósfera. Los humanos respiran átomos en sus pulmones continuamente.

No	Name	Sym	No	Name	Sym	No	Name	Sym	No	Name	Sym	No	Name	Sym
1	hydrogen	H	25	manganese	Mn	49	indium	In	73	tantalum	Ta	97	berkelium	Bk
2	helium	He	26	iron	Fe	50	tin	Sn	74	tungsten	W	98	californium	Cf
3	lithium	Li	27	cobalt	Co	51	antimony	Sb	75	rhenium	Re	99	einsteinium	Es
4	beryllium	Be	28	nickel	Ni	52	tellurium	Te	76	osmium	Os	100	fermium	Fm
5	boron	B	29	copper	Cu	53	iodine	I	77	iridium	Ir	101	mendelevium	Md
6	carbon	C	30	zinc	Zn	54	xenon	Xe	78	platinum	Pt	102	nobelium	No
7	nitrogen	N	31	gallium	Ga	55	caesium	Cs	79	gold	Au	103	lawrencium	Lr
8	oxygen	O	32	germanium	Ge	56	barium	Ba	80	mercury	Hg	104	rutherfordium	Rf
9	fluorine	F	33	arsenic	As	57	lanthanum	La	81	thallium	Tl	105	dubnium	Db
10	neon	Ne	34	selenium	Se	58	cerium	Ce	82	lead	Pb	106	seaborgium	Sg
11	sodium	Na	35	bromine	Br	59	praseodymium	Pr	83	bismuth	Bi	107	bohrium	Bh
12	magnesium	Mg	36	krypton	Kr	60	neodymium	Nd	84	polonium	Po	108	hassium	Hs
13	aluminium	Al	37	rubidium	Rb	61	promethium	Pm	85	astatine	At	109	meitnerium	Mt
14	silicon	Si	38	strontium	Sr	62	samarium	Sm	86	radon	Rn	110	darmstadtium	Ds
15	phosphorus	P	39	yttrium	Y	63	europium	Eu	87	francium	Fr	111	roentgenium	Rg
16	sulfur	S	40	zirconium	Zr	64	gadolinium	Gd	88	radium	Ra	112	copernicium	Cn
17	chlorine	Cl	41	niobium	Nb	65	terbium	Tb	89	actinium	Ac	113	ununtrium	Uut
18	argon	Ar	42	molybdenum	Mo	66	dysprosium	Dy	90	thorium	Th	114	ununquadium	Uuq
19	potassium	K	43	technetium	Tc	67	holmium	Ho	91	protactinium	Pa	115	ununpentium	Uup
20	calcium	Ca	44	ruthenium	Ru	68	erbium	Er	92	uranium	U	116	ununhexium	Uuh
21	scandium	Sc	45	rhodium	Rh	69	thulium	Tm	93	neptunium	Np	117	ununseptium	Uus
22	titanium	Ti	46	palladium	Pd	70	ytterbium	Yb	94	plutonium	Pu	118	ununoctium	Uuo
23	vanadium	V	47	silver	Ag	71	lutetium	Lu	95	americium	Am			
24	chromium	Cr	48	cadmium	Cd	72	hafnium	Hf	96	curium	Cm			

100 átomos diferentes encontrados en la Tierra

Además de las diferencias en el peso de un átomo, los átomos adquieren diferentes características. Algunos son salados, otros son dulces y otros son invisibles. Otros son pesados, brillantes o letales.

Qué diseñó los átomos?

Los eventos aleatorios de alguna manera diseñaron y crearon átomos como máquinas de movimiento perpetuo individual que finalmente se convirtieron en los bloques de construcción básicos para todo? ¿Los eventos aleatorios sabían de antemano el propósito de un átomo? Fue el átomo diseñado? Las leyes y los sistemas científicos que impulsan el átomo fueron diseñados y creados por eventos aleatorios?

Cómo se crearon los átomos? La respuesta que hoy persiguen los científicos teóricos es que durante el Big Bang, los eventos aleatorios crearon una partícula subatómica llamada bosón. Ellos teorizan que el bosón crea átomos dando masa, o peso, al protón y al neutrón del átomo.

La partícula del boson

El Proyecto del Colisionador de Hadrones es uno de los experimentos científicos más intrigantes hoy en día con 11,000 científicos de 100 países participantes. Uno de sus principales objetivos es descubrir si una partícula subatómica teórica llamada bosón podría ser responsable de agregar masa, o peso, al núcleo de protones y neutrones de un átomo. Otros objetivos de la investigación incluyen cosas tales como examinar la posibilidad de separar otras partículas subatómicas para su posible uso en el tratamiento de enfermedades como el cáncer.

El conocimiento de la estructura atómica es complicado. Debido a que los átomos son invisibles, se convierte en un campo de ciencia muy especializado que requiere científicos altamente capacitados y herramientas especializadas.

Átomos
Son los bloques básicos de construcción de todo

creaciones = bosones de materia oscura
bosones = electrones, quarks
quarks = protones, neutrones
electrones, neutrones, protones = átomos
átomos múltiples = moléculas
millones de moléculas = células
billones de células = humanos

Los científicos han teorizado que en el momento del Big Bang, los electrones, protones y neutrones fueron creados solo como cuerpos de concha sin peso, o carne en sus "huesos". Piensa en un círculo vacío creado sin nada en el exterior o en el interior con bosones añadidos al interior como agregar relleno a un pastel de cereza. Ellos teorizan que las partículas subatómicas del bosón fueron creadas en algún momento antes del Big Bang en cantidades suficientes, para agregar peso a la demanda a los protones y neutrones a medida que fueron creados.

El bosón es una subpartícula de protones y neutrones de un átomo y algunas veces ha sido llamada la partícula de dios. Si la partícula de bosón añadiera peso a un átomo, algunos lo considerarían una parte importante de las creaciones, o incluso del creador.

El gluón, una fuerte partícula de fuerza, es extremadamente útil magnéticamente porque contiene neutrones y protones juntos. Otra partícula subatómica teórica que no agrega ningún peso es el gravitón. El gravitón ayuda a definir las leyes científicas de las creaciones. Las partículas se manifiestan de formas distintas a los átomos.

Algunos son haces formados por partículas cargadas como fotones, protones, electrones, piones, kaones y muones. Un rayo láser está hecho de fotones, lo que permite que la luz viaje a través del espacio.

Partículas subatómicas

Bosones = partículas de fuerza de energía (quarks) que dan masa a protones y neutrones
Gluones = partículas de fuerza fuerte usando fotones para mantener unidos magnéticamente protones y neutrones
Gravitons = leyes de la física de la creación (gravedad)
Fotones = energía lumínica electromagnética portadores

El Colisionador Atómico de Hadron

Los científicos están llevando a cabo experimentos dentro de un túnel magnético cilíndrico que tiene diecisiete millas de largo y está enterrado a 100 metros por debajo de la superficie. Está a caballo entre la frontera suiza y francesa y se llama el Colisionador de Hadrones. Es el colisionador atómico más grande del mundo. Esto beneficia a la ciencia en todo el mundo cuando los científicos realizan experimentos a partir de su producción.

Los imanes que recubren las paredes del tubo requieren siete billones de voltios de electricidad para forzar las partículas hacia el centro. Cuando se enciende el colisionador, las luces se atenúan afuera en los pueblos cercanos. Cuando la luna pasa sobre su cabeza, su gravedad hace que los científicos realicen los ajustes necesarios para mantener los haces del colisionador enfocados en el centro del tubo.

Hadron Collider

Los protones liberados de átomos de hidrógeno son liberados en direcciones opuestas y propulsados en el centro de un tubo por imanes, girando alrededor de la velocidad de la luz. Cuando los protones colisionan, las partículas subatómicas se liberan para que los científicos las examinen.

Debido a que el hidrógeno es el único átomo que contiene un solo neutrón y un solo electrón, el protón se separa fácilmente del átomo con una batería de baja tecnología. Esto proporciona una forma simple de recolectar protones como entrada para el experimento del Colisionador de Hadrones.

Si la partícula subatómica del bosón ya existía antes del Big Bang, entonces agregar el bosón a un caparazón de protón o neutrón no sería una creación verdadera y ciertamente no un evento aleatorio. Sería producción de un átomo de partes existentes. Qué causó la creación de los bosones? Qué causó la creación de las conchas?

Los científicos no han teorizado cómo se crearon las partículas subatómicas del bosón. Tampoco han teorizado de dónde vinieron las capas de neutrones y protones o, en realidad, cómo se ensamblaron los átomos.

Agregar la partícula de bosón subatómico a una carcasa de neutrones o protones no es creación

Las leyes y los sistemas científicos fueron el ingrediente final requerido para crear átomos completamente funcionales. Nadie sabe de dónde vinieron.

Podrían los eventos aleatorios hacer que la partícula subatómica del bosón complete las creaciones de los átomos?

Una cosa invisible llamada evento aleatorio lo suficientemente potente e inteligente como para crear un átomo?

Capítulo 9

Por qué la Tierra es tan diferente?

Se crearon más de cien clases diferentes de átomos para el planeta Tierra, pero no se crearon para otros planetas. En la galaxia de la Vía Láctea, otros planetas, como Marte, recibieron menos tipos de átomos. Marte y otros planetas en el sistema solar de la Tierra también recibieron diferentes cantidades de átomos. Sin embargo, todos estos planetas provienen del mismo Big Bang, el mismo Universo e incluso la misma estrella del sistema solar. Cómo puede ser que la Tierra se haya creado de manera diferente si se creó al azar?

Otros planetas en el sistema solar de la Tierra no son tan afortunados como el planeta Tierra. Un alimento básico importante que todos ellos carecen es agua. Algunos científicos teorizan que algunos planetas pueden haber tenido agua, pero probablemente no en la cantidad requerida para sustentar la vida animal y vegetal en ese momento o ahora.

Comparado con la Tierra, por qué Marte tiene solo un subconjunto de átomos de la Tierra? Algo creó átomos. Tal vez los eventos aleatorios se saltaron sobre Marte demasiado rápido al crear átomos?

Si Venus y Marte están cerca de la Tierra y en la zona habitable de la vida, ¿por qué no están habitados por algún tipo de seres vivos como la Tierra? Están lo suficientemente cerca como para observar con la tecnología actual. Por qué estos planetas son en su mayoría estériles de agua, mientras que la Tierra tiene mucho?

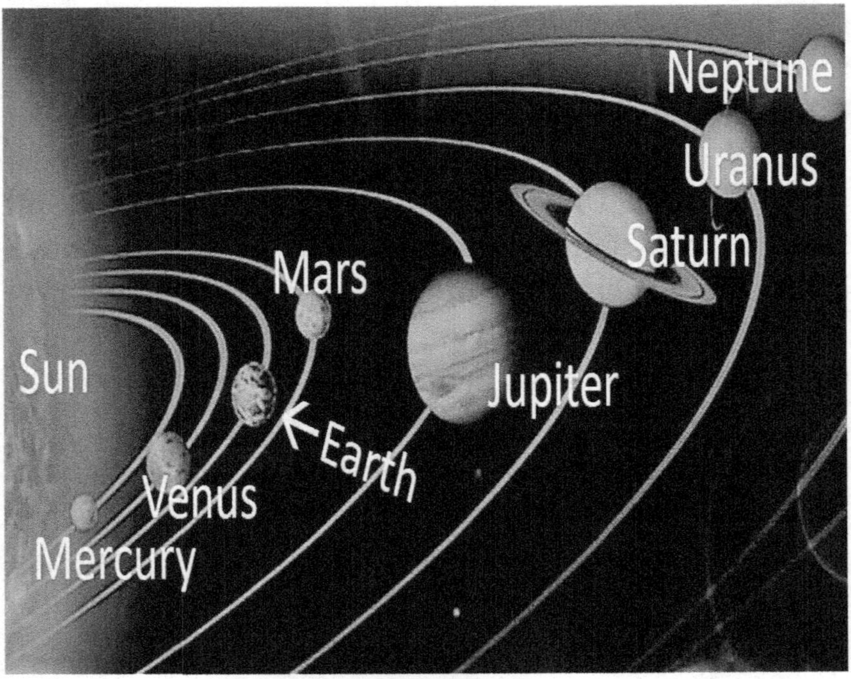

Sistema Solar de la Tierra

Si la masa de galleta con chispas de chocolate se mezcla en un bol y se distribuyen masas de masa en una bandeja para hornear, no serían todas las galletas chips de chocolate? Por qué el sistema solar de la Tierra tiene una gran variedad de planetas como el chocolate, el jengibre y la mantequilla de maní? Todos vinieron del mismo tazón de Sun, verdad?

Los científicos quieren explorar el planeta Marte más de cerca para determinar si la vida pudo haber existido allí. Actualmente, los telescopios revelan que no hay habitantes en ninguno de los planetas del sistema solar, excepto la Tierra.

Paisaje de Marte

La Tierra parece fuera de lugar

Los científicos especulan que es posible que algunos planetas en el sistema solar de la Tierra hayan estado habitados al mismo tiempo. Dicen que unos pocos millones de años después de la explosión del Big Bang, se creó una cantidad increíble de estrellas. Poco después, se creó un número aún mayor de planetas.

Con todos estos eventos sucediendo, cómo podría ser que un evento de creación aislado como la Tierra pudiera ocurrir al azar? La Tierra parece estar fuera de lugar con todos sus seres vivos en comparación con otros planetas.

Paisaje de tierra Yellowstone

Se formaron muchos miles de millones de galaxias, incluida la Vía Láctea del planeta Tierra. Algunos científicos creen que puede haber otros planetas como la Tierra que se crearon pero a miles de años luz de distancia.

El big bang desencadenó una explosión disparando miles de millones de estrellas desde su centro en todas las direcciones. Las estrellas de alguna manera fueron retenidas en un plato plano giratorio. Se teoriza que la explosión formó galaxias, las galaxias formaron estrellas y las estrellas formaron planetas y lunas.

Con todas las creaciones que tuvieron lugar en el momento del Big Bang, cómo se creó el planeta Tierra de manera diferente dentro de una zona habitable dentro del Universo?

La Teoría de Peashooter Cósmico Gigante

Un gigante teórico de robots cosmopolita ayudó a formar el planeta Tierra?

En el momento del Big Bang, inmensas pilas de protones, neutrones y electrones se estaban creando teóricamente de la nada y formando átomos. Cuántos? Aparentemente, inmensos números que nadie puede calcular.

Es posible que un gran chicharo cósmico, cargado con cien tipos diferentes de átomos en la cantidad correcta para cada átomo, disparó los átomos a través del espacio durante millones de años luz y los aterrizó en una zona habitable de uno de los miles de millones de sistemas solares? dispersos por todo el Universo? Por supuesto, esto habría sucedido millones de años después del comienzo del Big Bang cuando los átomos necesarios se habían creado en suficiente abundancia.

Este organizador teórico de eventos aleatorios habría sido muy inteligente con las capacidades de diseño y creación. En un momento en que los átomos se creaban a una velocidad de billones de átomos por picosegundo, el campesino, después de reunir lo que necesitaba para la supervivencia de la Tierra, encontró el lugar preciso en el Universo.

Luego descargó toda la carga con fuerza cósmica. Imagina el guante de un catcher gigante que orbita a la velocidad y distancia correctas de su sol atrapando todos los átomos y permitiéndoles establecerse en su lugar de descanso final en la Tierra.

Al observar la ubicación única de la Tierra en el Universo, es demasiado arriesgado teorizar que un evento aleatorio preseleccionó una ubicación principal para plantar una carga útil de creación de vida tan deseable? Alguien puede saberlo con certeza?

Sin embargo, una cosa es cierta; el planeta Tierra es drásticamente diferente de otros planetas conocidos. Se especula sobre la vida en otros planetas, pero con los límites del espacio, el tiempo y la tecnología actual, nadie puede demostrar empíricamente que la vida existe fuera del planeta Tierra.

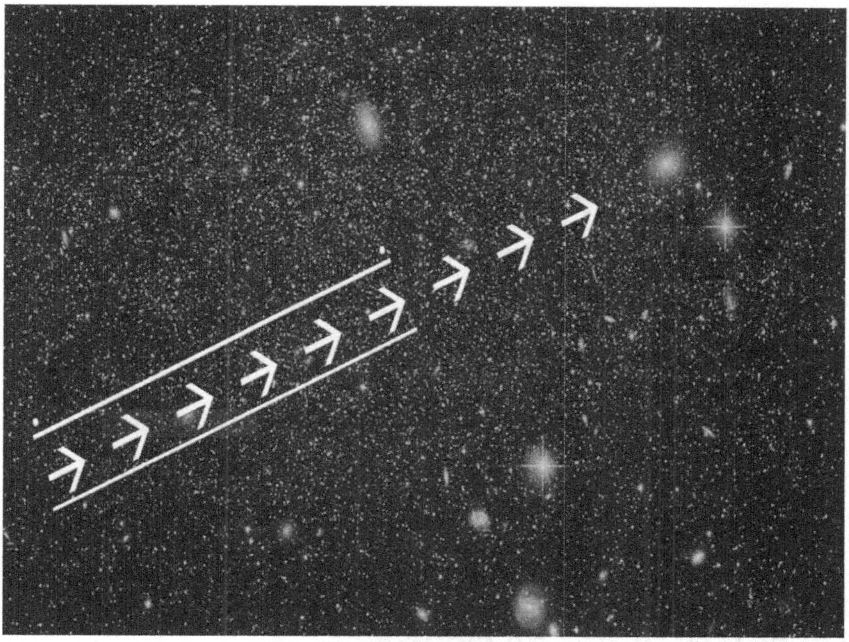

Peashooter cósmico

El cronograma de las creaciones del universo indica que ocurrieron muchos eventos importantes, comenzando con el big bang teórico y terminando con la creación de los seres humanos. Trillones de pasos de creación quedan fuera de la siguiente tabla que abarca un estimado de 13.8 mil millones de años.

Hace 13.8 mil millones de años
\
Leyes de sistemas y ciencia
Big Bang
Universo
Tierra
Moléculas de proteína
Animales de célula única
Humanos
\
hoy

Leyes y sistemas de ciencia

Las leyes de sistemas, información y ciencia son muy necesarias para las creaciones, pero rara vez se mencionan. Es cierto que nadie en la Tierra los creó. Los científicos los descubrieron y están documentando su uso en la ciencia física hoy. Pero, de dónde vienen las leyes de sistemas, información y ciencia?

La gravedad es un buen ejemplo de una ley de la ciencia. Nadie puede cambiar las propiedades físicas de la gravedad o el valor constante que representa. En el momento del big bang teórico, la gravedad tenía que haberse creado ya; de lo contrario, nunca habría habido un Big Bang.

Leyes científicas

Declaraciones teóricas inferidas de hechos aplicado a un fenómeno eso siempre ocurre si se cumplen ciertas condiciones culminando en leyes

Los sistemas son diferentes a las leyes de la ciencia porque contienen lógica e información. Los científicos no los crearon. Simplemente los descubrieron.

Sistemas

Un conjunto de partes conectadas que usan información, leyes de la ciencia y dependencia mutua para apoyar un nuevo todo complicado

El principio antrópico

En la década de 1970, hubo un gran estudio colaborativo a nivel mundial realizado por científicos para comprender cómo la Tierra comenzó a existir como un lugar habitable para las plantas y los animales.

Principio antrópico

Cuando todos los ingredientes necesarios
reunirse en un planeta
en las cantidades exactas y en el momento exacto
la vida puede ser creada
de átomos muertos

Se teorizó que los seres vivos de la Tierra deben tener constantes y valores específicos para que los seres vivos sobrevivan.

Los científicos creían que las constantes y los valores tenían que permanecer siempre fieles, sin cambios.

La zona habitable junto con sus constantes y valores establecen el escenario para un nuevo término llamado Principio Antrópico.

Significaba que los ingredientes exactos con cantidades adecuadas debían unirse en el momento exacto en que se necesitaban para mantener la vida en el planeta Tierra.

Después de que se propuso el Principio Antrópico, científicos de todo el mundo se reunieron para debatir sobre este nuevo principio teórico. Se preguntó, ¿cómo podría un planeta verde y azul tan hermoso, el único en existencia en su sistema solar, ser tan diferente de otros planetas?

Uno por uno, los científicos identificaron más de 200 constantes y sus valores específicos que eran necesarios para que existiera la vida.

Declararon que la gravedad debe existir y tener valores exactos para evitar que los objetos se alejen volando de la Tierra hacia el espacio exterior.

Si la gravedad fuera demasiado fuerte, la Tierra aplastaría a los seres vivos contra su suelo.

Algunas de las constantes que estudiaron los científicos incluyeron niveles de vapor de agua en la atmósfera, presión atmosférica, distancia de la estrella madre, inclinación del eje de la Tierra, niveles de ozono, niveles de dióxido de carbono y espesor de la corteza terrestre. Todos fueron vitales para fomentar la vida en la Tierra.

Con el tiempo, la lista de 200 se redujo a 162. Las constantes y los valores se han acordado y se conocen hoy en todo el mundo.

Si alguna de las constantes no existiera o sus valores específicos no fueran exactamente lo que se necesitaba, la Tierra sería simplemente otro planeta no apto para una vida habitable.

Presión atmosférica
Transporte de calor hacia el polo en la atmósfera del planeta
Lluvia promedio
Cantidad y extensión de incendios de bosques y pastos
Nivel de dióxido de carbono
Cantidad de geobacteraceae
Distancia desde la estrella principal
Cantidad de organismos marinos emisores de yodocarbono
Interacción de gravedad con la luna
Cantidad de fitoplancton
Vapores hipotérmicos en la corteza superior
Cantidad de azufre en el suelo
Inclinación de la órbita
Proporción de moléculas de agua duales a simple
Cantidades de hierro en el suelo y los océanos
Moléculas en la troposfera
Campo magnético Mineralización del suelo
Cantidad de nitrógeno en la atmósfera
Viento solar
Relación océanos a continentes
Cantidad de ozono estratosférico
Cantidad de oxígeno en la atmósfera
Velocidad de escape de la gravedad superficial
Relación de oxígeno a nitrógeno en la atmósfera
Temperatura
Nivel de ozono en la atmósfera
Espesor de la corteza
Masa madre estrella
Radiación UV en la superficie
Capa de ozono del planeta
Variación del agua y tiempo de lluvia promedio
Superficie planetaria
Absorción de agua por el manto del planeta
Vapor de agua en la atmósfera

35 de las 162 constantes requeridas para la vida

Algunos científicos teóricos dicen que los argumentos del Principio Antrópico son pobres. Sin embargo, no ofrecen razones para disputar el reclamo.

La tierra de probabilidades fue formada por eventos aleatorios

Con 162 constantes identificadas en el Principio Antrópico, algunos científicos calcularon las probabilidades de que un evento aleatorio pudiera haber creado cada una de las constantes individuales.

Conociendo las probabilidades de eventos aleatorios de cada 162 constantes, las probabilidades totales de que la Tierra fuera creada por eventos aleatorios se calcularon como una oportunidad de 10^{138} posibilidades. Esa es una oportunidad en 1,000,000,000,000,000,000,000,000,000,000,000,000
,000,000,000,000,000,000,000,000,000,000,000,000,00
0,000,000,000,000,000,000,000,000,000,000,000
oportunidades.

Las principales probabilidades antrópicas de suceder al azar son astronómicas. En comparación, la posibilidad de ganar la Lotería Powerball de 33 estados es una oportunidad para 10^8, o una oportunidad de 195 millones de posibilidades. Comprar un boleto de lotería es un evento aleatorio simple, pero que aún tiene una alta probabilidad increíble de perder.

La Tierra fue creada por eventos aleatorios? Dadas las probabilidades, parece muy poco probable. No fueron extraterrestres. Entonces, podrían ser eventos aleatorios los que crearon la Tierra?

Es difícil imaginar el poder de un agente creador de eventos aleatorios que sea responsable de todas las creaciones en el pasado, así como de todas las creaciones que continúan hoy.

Ganar la loteria

10^8 o 1 en 195 millones de oportunidades

Ganar el soporte NCAA

10^{18} o 1 en 1,000,000,000,000,000,000 de posibilidades

No puede suceder la regla

> 10^{50} posibilidades

Los eventos aleatorios crearon Big Bang

1 en $10^{9,221,000,000}$ posibilidades

Los eventos aleatorios crearon la Tierra

1 en 10^{138} posibilidades

Cómo es posible crear aleatoriamente algo tan complejo como el planeta Tierra de la nada?

Capítulo 10

Hizo eventos al azar
Crear cosas vivas

Entre el momento de la creación de la Tierra hace 4.500 millones de años, y hasta hace unos 300 millones de años, no había relativamente seres vivos en la Tierra. Había muchos átomos pero ninguno dentro de las células de organismos vivos.

Hace 13.8 mil millones de años
****
Sistemas, leyes e información
Big Bang
Universo
Tierra
Moléculas de proteína
Animales unicelulares
Humanos
****
Hoy

Un átomo vivo es lo mismo que un átomo muerto; solo reside dentro de una planta viva, animal u organismo. Los átomos muertos siguen cobrando vida incluso hoy. Los bebés que nacen son una prueba de que los átomos todavía están cobrando vida. Cómo cobran vida los átomos muertos? Abiogénesis.

Abiogénesis

El momento de los átomos muertos convertirse en átomos vivos dentro de un organismo vivo

El término abiogénesis se refiere al momento en que los átomos muertos se convierten en átomos vivientes. Los científicos han intentado durante años hacer que los átomos muertos cobren vida. Nunca han tenido éxito.

La abiogénesis es un paso de creación inexplicable que transforma colecciones de átomos muertos en átomos vivos. Solo se necesitan unos pocos átomos selectos, a saber, carbono, oxígeno e hidrógeno, para convertirse en átomos vivientes dentro de las células de cada planta y animal.

Los científicos teóricos dicen que los eventos aleatorios causaron que el Big Bang sea el creador de fragmentos de átomos seguidos por el ensamblaje de átomos completos, y finalmente seguidos de la distribución de estos átomos por todo el Universo. Los átomos de hace mucho tiempo aún se encuentran en el planeta Tierra y están ocupando los cuerpos de animales y plantas.

La abiogénesis da vida a los átomos

La mayoría de los científicos evitan explicar exactamente cómo comenzó el comienzo de la cadena evolutiva llamada abiogénesis. Debido a que la abiogénesis es tan difícil de explicar, los científicos evitan por completo este tema.

Los científicos han intentado por años para hacer que los átomos muertos cobren vida, pero no han podido hacerlo.

Cuando los átomos muertos se convierten en átomos vivos dentro de las células, se agrega algo a los átomos que les permite convertirse en seres vivos. Ese algo se llama información. Nadie sabe dónde se almacena la información hasta que se necesita o cómo agrega vida a las células vivas. Está ahí.

Los científicos no pueden crear células vivas

En la cadena de creación de eventos que transforma átomos muertos en átomos vivos, las moléculas de proteínas deben crearse para cada célula de cada especie, para cada planta viva y animal. Millones de moléculas de proteínas componen la composición de células individuales. Se necesita una cantidad asombrosa de diferentes moléculas de proteínas para formar una sola célula.

La creación de la molécula de proteína fue un gran primer paso después de la creación de la Tierra. Las moléculas de proteína son uno de los principales ingredientes en las células de plantas y animales.

La investigación de la abiogénesis ha estado sucediendo durante años, desde la década de 1950. Varios científicos propusieron teorías sobre la vida que comienza en los pantanos. Afirmaron que las moléculas al azar cayeron del cielo en el agua del pantano y luego fueron alcanzadas por un rayo que creó el comienzo de la vida.

Átomos muertos Leyes de la ciencia Big Bang, átomos, estrellas Sistemas solares, planetas Tierra ***Átomos vivos (abiogénesis)*** **Sistemas de información** **Aminoácidos** **Moléculas de proteína** **Celdas individuales** **Órganos** **Humanos**

Un Protozoa unicelular fue el primer animal vivo que se dice que fue creado. Los científicos afirman que los protozoos se volvieron instantáneamente autosuficientes, viviendo de las bacterias en el agua.

La creación de animales y plantas unicelulares vivos requiere sistemas e información muy sofisticados para que las moléculas de la célula se vuelvan vivas y operativas.

Al realizar su investigación de abiogénesis, los científicos llenaron un recipiente de vidrio con metano, amoniaco, vapor de agua y gases de hidrógeno. Ellos teorizaron que esto representaba la atmósfera primitiva de la Tierra.

Luego encendieron una chispa que simulaba un rayo con la esperanza de producir moléculas vivas.

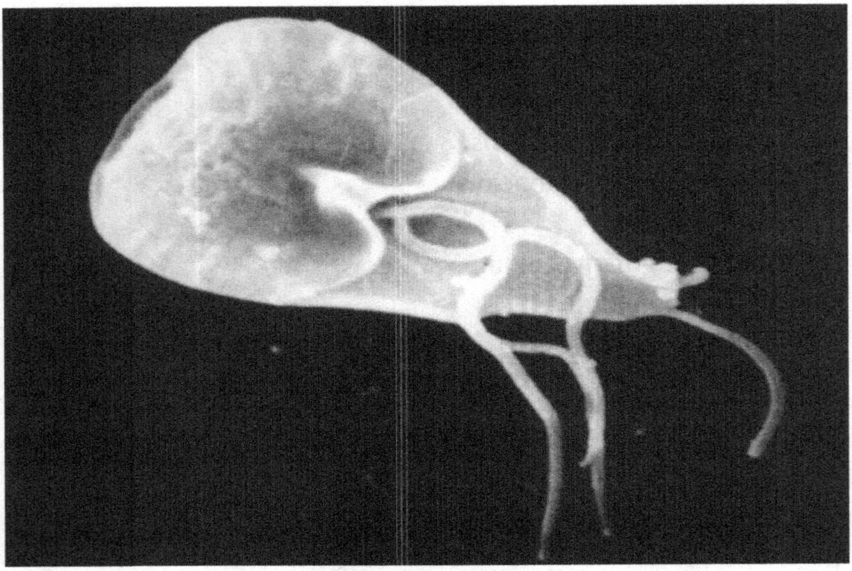

Un solo protozoo celled

Debido a que este experimento produjo solo aminoácidos, parcialmente funcionó. El experimento demostró que los aminoácidos son relativamente fáciles de producir. Pero no produjo células vivas. Algo faltaba: abiogénesis.

Los hallazgos del experimento mostraron que los organismos vivos unicelulares son extremadamente complejos. Incluso si el experimento del tubo de ensayo hubiera tenido éxito en la creación de moléculas de proteínas, los próximos pasos hubieran sido aún más difíciles.

Atmósfera temprana de la tierra

Los siguientes pasos habrían implicado la creación de células vivas de la nada, seguido de la creación de órganos internos como el corazón, el hígado, los pulmones, el páncreas y el cerebro, por nombrar algunos.

Crear células vivas es mucho más complicado de lo que los científicos imaginaron porque durante su creación las células de alguna manera deben obtener información y sistemas para darles vida.

Debido a las complejidades dentro de las células vivas, algunos científicos dicen que la posibilidad de que un evento aleatorio cree un organismo vivo unicelular como un protozoo es una posibilidad en $10^{4,478,296}$ posibilidades.

La posibilidad de eventos aleatorios crear un protozoo unicelular es 1 oportunidad en $10^{4,478,296}$ posibilidades

Esta es una posibilidad muy remota para la creación de un evento aleatorio.

Otro animal unicelular más complicado llamado bacteria reside en el tracto intestinal. Asegura la supervivencia humana ya que descompone los alimentos en el sistema digestivo. Debido a su mayor complejidad, algunos científicos dicen que la probabilidad de que una bacteria haya sido creada por un evento aleatorio es una posibilidad en $10^{100,000,000}$ posibilidades.

Reunir átomos para formar diferentes tipos de moléculas no es una tarea pequeña. Requiere un nuevo conjunto de sistemas y leyes para mantener unidas las moléculas y gestionarlas.

Una molécula de glucosa llamada azúcar, que se encuentra naturalmente en la Tierra, está compuesta por átomos de hidrógeno, carbono y oxígeno. La glucosa es un buen ejemplo de cómo la complejidad de la creación aumenta incluso para una molécula simple.

Otras moléculas que se encuentran en la naturaleza son mucho más complejas. Las moléculas producidas en laboratorios son aún más complicadas con estructuras fibrosas que pueden llenar una página completa del libro.

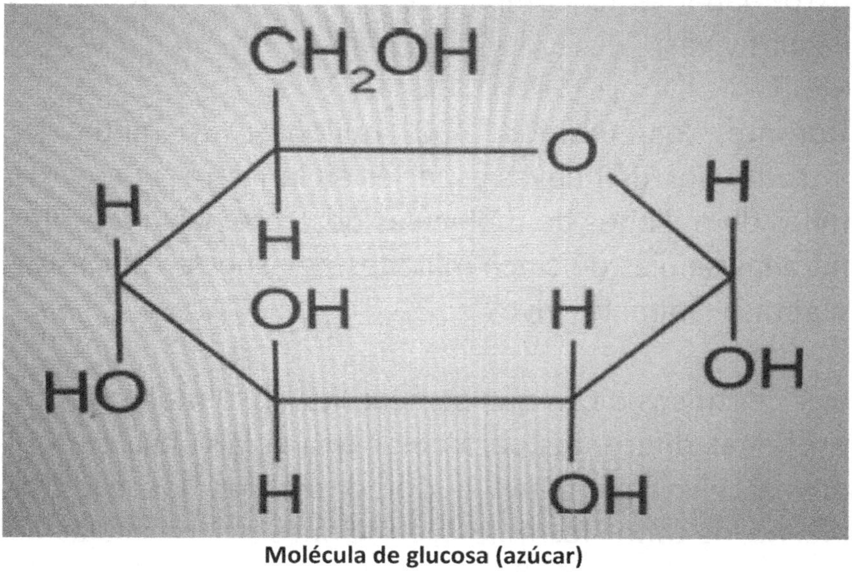

Molécula de glucosa (azúcar)

En la búsqueda de nuevas medicinas, los químicos alteran los átomos y las moléculas rutinariamente en los laboratorios. Las personas que han experimentado resultados positivos de salud al comer plantas cultivadas naturalmente con fines medicinales a veces ofrecen pistas a los científicos. Estas plantas pueden ser sintetizadas molecularmente para determinar su composición química y posiblemente producidas como nuevos medicamentos.

Los eventos aleatorios crearon moléculas de proteínas?

Una molécula de proteína es un componente extremadamente complicado y esencial de todas las células vivas.

Durante los últimos 300 millones de años de introducción de nuevas especies en la Tierra, se crearon miles de millones de moléculas de proteínas diferentes para las células de cinco millones de especies únicas de plantas y animales vivos.

Los científicos dicen que se necesitan 239 moléculas de proteínas diferentes para crear una sola célula para el animal vivo más simple. Cómo crearon los eventos aleatorios todos los miles de millones de moléculas de proteína sin una falla?

Se necesitan 239
diferentes moléculas de proteína,
junto con información y sistemas
crear
el animal unicelular más simple.

Enlazar átomos para formar moléculas de proteínas es una tarea enorme. La información y los sistemas deben estar disponibles antes de la creación de moléculas para su creación exitosa y operación continua.

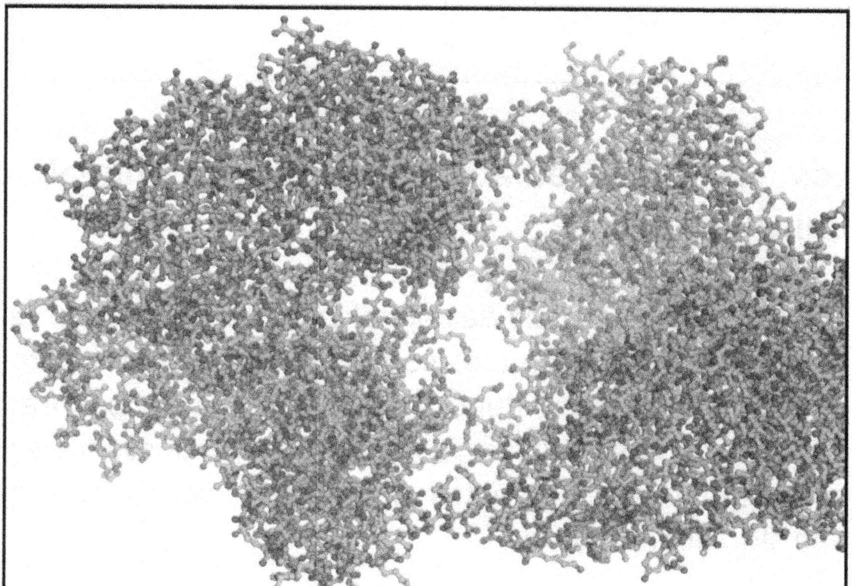

Molécula proteica

Según algunos científicos, existe la posibilidad de que una sola molécula de proteína haya sido diseñada y creada por un evento aleatorio. Según algunos científicos, la probabilidad de que una sola molécula de proteína haya sido diseñada y creada por un evento aleatorio es una posibilidad en 10^{161} posibilidades.

La posibilidad de que los eventos aleatorios creó la molécula de proteína más simple es una oportunidad en 10^{161} posibilidades

Los eventos aleatorios crearon animales unicelulares?

La creación de la célula de animal viviente más simple es el evento de creación más complejo hasta el momento en la línea de tiempo del Universo. Después de explorar dentro de estas células vivas individuales y descubrir su complejidad, los proyectos de investigación científica han sido abandonados.

Lo que los científicos encontraron dentro de las células individuales fueron millones de actividades inteligentes que funcionan como motores perpetuos funcionando sin interrupciones. Era tan complejo que los científicos no podían desentrañarlos ni replicarlos.

Según los científicos, el animal vivo unicelular más simple contiene 10^{80} átomos o 100,000,000,000,000,000,000,000,000,000,000,000, 000,000,000,000,000,000,000,000,000,000,000,000,00 0,000,000 átomos.

Cada átomo en un cuerpo humano es una máquina de correr perpetuo autónoma dentro de las moléculas de cada uno de los 13 billones de células. Todos trabajan juntos. El número de células necesarias para realizar una función humana es asombroso.

Sistemas e información hacen que las células cobren vida

Crear órganos vivos también es complicado. Los órganos están formados por millones de sus propias células específicas y requieren sus propios sistemas e información específicos para que funcionen.

La información y los sistemas deben estar presentes antes de poder crear los órganos vivos. Los sistemas del cuerpo dirigen la operación de los órganos usando señales de comunicación y retroalimentación. En los humanos hay 14 sistemas principales que gobiernan el cuerpo.

Circulatorio: corazón, sangre y vasos sanguíneos
Urinario: riñones, uréteres, vejiga y uretra
Respiratorio: nariz, boca, faringe, laringe, tráquea, bronquios y pulmones
Digestivo - boca, faringe. esófago, estómago, hígado, vesícula biliar, páncreas, intestino grueso y delgado
Nervioso: cerebro, médula espinal y nervios
Sensorial: ojos, oídos, nariz, lengua y piel
Glándulas endocrinas - glandulares u hormonales
Excretor: piel, pulmones, hígado, riñones e intestino grueso
Inmuno - linfocitos y anticuerpos
Linfático: amígdalas, timo, hígado, bazo y ganglios linfáticos
Muscular - músculos y tendones
Reproductivo: testículos, pene, ovarios y útero
Esquelético: huesos, articulaciones, ligamentos y tendones
Dérmica: piel, cabello y uñas

14 Sistemas del cuerpo

El sistema circulatorio de la sangre es un ejemplo de un sistema que es crítico para mantener vivos a los humanos.

Sin sistemas e información, las células no son más que átomos y moléculas muertos sin propósito o funcionalidad. Serían como todos los átomos muertos en la Tierra antes de que la vida comenzara. Los sistemas y la información fueron descubiertos por científicos y médicos. Nadie los creó. Los programadores de inteligencia artificial usan sistemáticamente los sistemas y la información en su trabajo.

Los eventos aleatorios crearon órganos?

Los sistemas y la información necesarios para operar una célula viva no pueden ser cambiados por la humanidad porque no se puede encontrar la ubicación. Si la ubicación de los sistemas y la información fuera conocida y pudiera ser manipulada, ¿sería lo mismo que un programa de computadora que se altera rutinariamente? Se atrevería la humanidad a modificar las funciones críticas del sistema humano?

Los sistemas y la información parecen haber sido preprogramados con precisión hace mucho tiempo para las células vivas. Se almacenaron en algún lugar antes de tiempo para la creación de células y están disponibles a pedido para que las células cobren vida.

Sistemas
Un conjunto de partes conectadas que usan información, leyes y dependencia el uno del otro crear
un nuevo todo complicado

Hay muchos ejemplos de sistemas e información trabajando juntos, como el páncreas y los órganos del hígado que se encuentran en el sistema digestivo. Mientras que cada órgano lleva a cabo funciones específicas, también trabajan junto con otros órganos del cuerpo.

El órgano del páncreas contiene células que secretan hormonas para controlar el nivel de azúcar en el torrente sanguíneo. Estas hormonas se llaman insulina y glucagón.

Cuando el nivel de azúcar en la sangre del cuerpo aumenta durante una comida, el páncreas libera hormonas de insulina en el torrente sanguíneo, lo que hace que bajen los niveles de azúcar en la sangre. La insulina ayuda a abrir las células del cuerpo para aceptar el azúcar necesario para la energía.

Si los niveles de azúcar en la sangre son demasiado bajos, el páncreas disminuye la liberación de insulina y libera la hormona glucagón que indica al hígado que libere azúcar. El azúcar se libera del hígado y entra en el torrente sanguíneo para que las células lo usen como energía para el cuerpo cuando no comen.

El hígado y el páncreas trabajan juntos para mantener los niveles de azúcar en la sangre del cuerpo dentro de un rango entre 70 y 120 mg / dl. Este es un ejemplo perfecto de sistemas e información que trabajan dentro del cuerpo humano.

Bajo el control de sistemas e información, dos órganos separados trabajan juntos para mantener el funcionamiento del cuerpo humano. Como funciona esto? Dónde residen los sistemas y la información? Hay docenas de sistemas complicados como este en el cuerpo. Podrían los eventos aleatorios crear órganos tan notablemente complicados?

Hay muchos ejemplos de sistemas y información que trabajan juntos, como el cáncer y los órganos del hígado que se encuentran en el sistema digestivo. Mientras que cada órgano lleva un sombrero, también trabajamos con otros órganos del cuerpo.

El órgano del páncreas contiene células que secretan hormonas para controlar el nivel de azúcar en el torrente sanguíneo. Estas hormonas se llaman insulina y glucagón.

Cuando el nivel de azúcar en la sangre de un cuerpo aumenta durante una comida, el páncreas libera hormonas de insulina en el torrente sanguíneo, lo que hace que bajen los niveles de azúcar en la sangre. La insulina ayuda a abrir las células del cuerpo para aceptar el azúcar necesario para la energía.

Si los niveles de azúcar en la sangre son demasiado bajos, el cáncer disminuirá la liberación de insulina y la hormona glucagón que indica el hígado que libera azúcar. El azúcar se liberó del hígado y entró en el torrente sanguíneo para que las células lo usaran como energía para el cuerpo cuando no se comenzó.

El hígado y el cáncer trabajan juntos para mantener los niveles de azúcar en la sangre del cuerpo dentro de un rango entre 70 y 120 mg / dl. Este es un ejemplo perfecto de sistemas y la información que trabajan dentro del cuerpo humano.

Bajo el control de sistemas e información, los demás órganos para mantener el funcionamiento del cuerpo humano. Como funciona esto? Dónde residen los sistemas y la información? Hay docenas de sistemas complicados como este en el cuerpo. Podrían los eventos aleatorios crear órganos tan notablemente complicados?

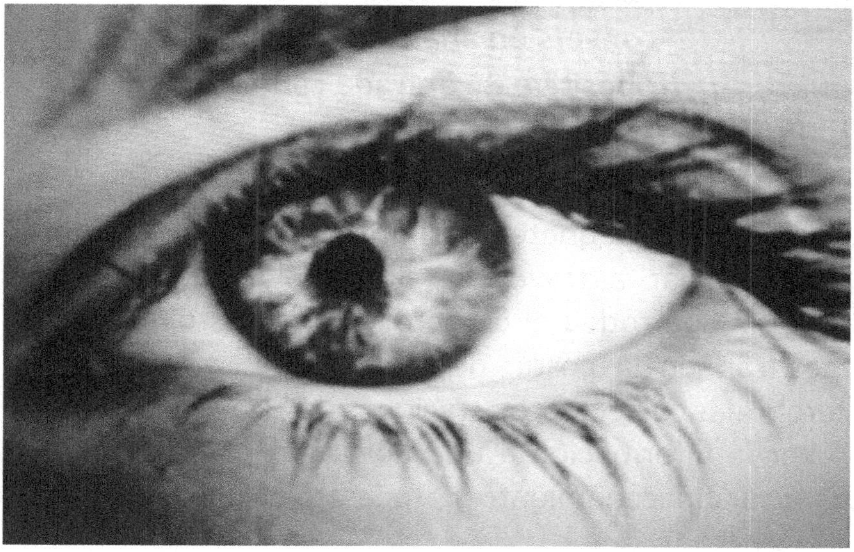

El ojo es una de las partes más complejas del cuerpo. Es un diseño inimaginable, intrincado y bien ejecutado cuando se trabaja correctamente. Si se involucraron eventos aleatorios con esta creación, se consideraría su hora brillante.

En el reconocimiento visual, el ojo y el cerebro determinan el color, la forma, la profundidad y el movimiento de un objeto. A lo largo de la ruta de transmisión al cerebro, miles de millones de señales de imágenes analógicas se convierten en paquetes de información digital que el cerebro puede comprender.

El ojo es el más complicado conversión analógica a digital dispositivo de entrada conocido.

Para obtener paquetes de información en el cerebro, deben nadar a través de un canal líquido llamado sinapsis que rodea el cerebro. Cuando estos paquetes aterrizan en la costa, deben llegar a los receptores cerebrales correctos, o estaciones de acoplamiento para llevar la información a una ubicación predeterminada para su almacenamiento y procesamiento.

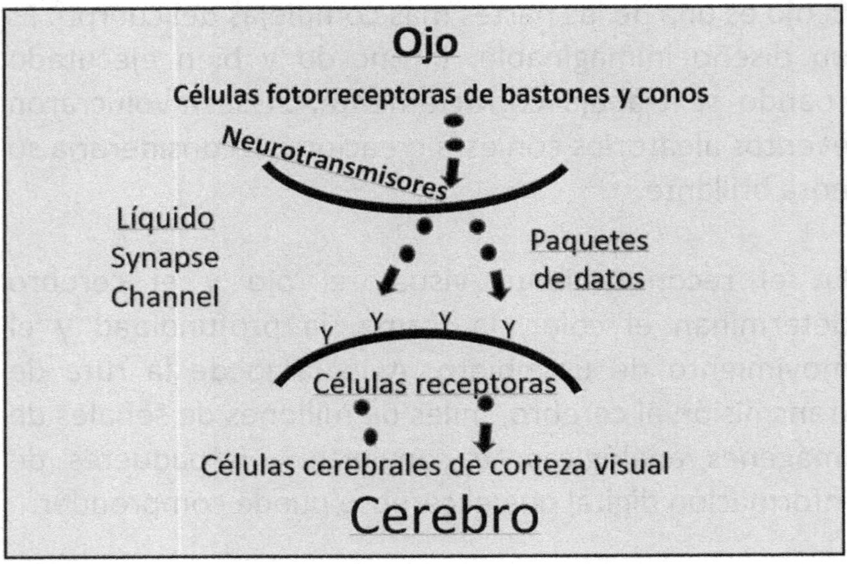

Los minoristas masivos y los desarrolladores de inteligencia artificial podrían aprender algo de este sistema de almacenamiento y recuperación para usar en sus centros de despacho de pedidos.

Además de separar las fuentes de datos externas que llegan rápidamente de cinco sensores, el cerebro debe almacenar los paquetes de información de forma organizada. Debe agrupar información similar para formar una imagen. Más tarde, se puede solicitar a los paquetes que recuerden algo siempre que el cerebro esté en modo de recuperación.

Dos de los sentidos que se basan en el reconocimiento de objetos y voz están siendo estudiados por científicos con la esperanza de ayudar a los humanos que tienen dificultades para funcionar y para aquellos que necesitan aumentar su productividad. El reconocimiento de objetos y voz se simula en laboratorios que utilizan dispositivos recientemente desarrollados que emplean percepción, control motor e integración multisensorial.

Estos dispositivos se están desarrollando con el uso de software inteligente artificial, ingeniería neuromórfica y computación cuántica teórica usando computadoras de gran escala.

Relaciones Simbióticas

En el mundo de las plantas y los animales hay ejemplos de relaciones simbióticas que tienen lugar todos los días. Los seres humanos y los animales exhalan dióxido de carbono como un producto de desecho que se convierte en alimento para la vida vegetal. Las plantas convierten el dióxido de carbono en oxígeno para que los humanos y los animales puedan respirar. Muchos creen que este es un ejemplo de relación simbiótica inimaginable entre las plantas y los animales. Qué creó esta relación simbiótica sofisticada que se encuentra en la naturaleza?

Relaciones Simbióticas

Cuando dos organismos
confiar totalmente el uno en el otro para sobrevivir
ya sea por elección o no

No importa si usted vive en el hemisferio norte o sur, el intercambio de oxígeno y dióxido de carbono se produce de manera estacional y continua en todos los continentes con la ayuda del viento.

Hay muchos ejemplos inexplicables de transferencia de conocimiento entre seres vivos. Esto es muy evidente dentro del ciclo de vida de las mariposas Monarca. Las mariposas monarcas viven solo 90 días. Su corta vida no les da suficiente tiempo para conocer a sus padres o experimentar la ruta de migración que deben tomar. Lo más que experimentará un Monarca será el veinticinco por ciento de su viaje de migración. Nadie sabe exactamente cómo sucede esto, pero las mariposas son instintivamente capaces de navegar en las rutas de migración entre México y Canadá cada año sin ningún entrenamiento.

En un segmento del viaje de las Monarcas, las mariposas maduras migran desde el norte de México a través del Golfo de México hasta el sur de los Estados Unidos. Ponen huevos en plantas de hierba de la leche venenosas que eclosionan para formar mariposas. Tan pronto como estos padres ponen sus huevos, mueren. La nueva generación eclosiona y vuela al norte de los EE. UU. Y Canadá. La próxima generación vuela de regreso al sur de los EE. UU., Y la última generación migra a través del Golfo de regreso al norte de México sin ninguna guía de los padres de la Monarca.

Otros ejemplos simbióticos entre insectos y plantas incluyen flores. Los científicos han encontrado campos eléctricos alrededor de las flores que les permiten comunicarse con los insectos en una relación simbiótica beneficiosa. Siempre se ha pensado que el color, la forma y las fragancias son la principal atracción para las abejas. Esta nueva conexión magnética de flores con polinizadores es un gran beneficio para ambos.

Hay inteligencia en el diseño de las relaciones entre las plantas y los animales, o todo está al azar perfeccionado? Parece que hay demasiadas relaciones de planta a animal diseñadas para beneficiar la supervivencia de estos seres vivos.

Quimera: paso de células vivas entre hosts

Cuando una madre carga a un niño en su útero, es posible que pase sus células corporales directamente al bebé a través de la placenta o a través de la leche materna de la madre después del parto. También es posible que las células de los bebés devuelvan las células a sus madres y a los otros hermanos mientras están dentro del útero. Esto se llama quimera.

Quimera

El paso de las células vivas
de un anfitrión vivo a otro anfitrión vivo

La quimera también ocurre cuando se trasplantan células del cuerpo a otra persona a través de trasplantes de órganos. Las células del cuerpo trasplantadas pueden vivir y funcionar en otra persona durante aproximadamente diez años.

Apoptosis: muerte de células vivas

Lo opuesto a la abiogénesis es la apoptosis. Cuando una célula viva muere, libera sus átomos llamados apoptosis.

La muerte celular por apoptosis puede ocurrir cuando los seres vivos mueren por muerte natural o por causas prematuras antes de la muerte. Durante la vida normal de una persona, las células mueren continuamente ya sea de forma natural o por lesiones, pero continuamente se vuelven a crear.

Apoptosis

Muerte celular programada
resultando en convertir átomos vivos en células vivas en átomos muertos
liberando información y sistemas celulares

When cells die, their protein molecules break down and the atoms insid e regreso a la Tierra Los átomos nunca se destruyen. Los átomos de plantas o animales moribundos no desaparecen. Ellos permanecen en la Tierra y son redistribuidos. Ellos nunca son destruidos. Ellos son reutilizados

Las células también liberan en algún lugar desconocido la información y los sistemas en los que confiaron para sobrevivir.

Átomos de plantas o animales moribundos
No desaparezcas.
Ellos permanecen en la Tierra y son redistribuidos.
Ellos nunca son destruidos -
ellos son reutilizados.

Los sistemas y la información mueren al morir?

Los sistemas y la información en una celda son recuperados cuando mueren, o desaparecen para siempre como una bocanada de humo? Deben volver a crearse cada vez que se crea una nueva celda?

Los humanos adultos reponen cada uno de sus 13 billones de células cada 3.4 años. Si una persona tiene treinta y cuatro años, el cuerpo ha sido recreado diez veces. Este diseño debe haber sido preprogramado para mantener el cuerpo funcionando por más tiempo.

El cuerpo humano
es recreado
cada 3.4 años.

Los glóbulos rojos en el sistema circulatorio se vuelven a crear cada 90 días. Las pruebas de glucosa dependen del ciclo de vida de estas células cuando se promedia un análisis de sangre de A1c de tres meses que generalmente se receta para pacientes con diabetes.

Los sistemas y la información de las células moribundas de alguna manera son reutilizados por las células recién creadas a través de algún proceso de transferencia a nuevas células?

La información y la memoria que se almacenan en las células cerebrales se transfieren a nuevas células cerebrales? Si es así, cómo?

Muere la conciencia en la muerte?

Durante años, los científicos y psicólogos materialistas han educado a la sociedad para creer que el cerebro solo produce y conserva la conciencia dentro del cuerpo humano.

La conciencia es invisible. Se describe como la conciencia y capacidad de respuesta de una persona hacia sí mismo y su entorno.

Conciencia
La conciencia y capacidad de respuesta de una persona hacia sí mismo y su entorno

Los teólogos a menudo equiparan el alma con la conciencia. Donde el alma reside en el cuerpo humano generalmente no se discute desde un punto de vista teológico.

Alma
Un núcleo invisible de una persona eso no está limitado por el cuerpo

Hasta ahora, la mayoría de los científicos y filósofos han basado sus estudios en lo que se conoce como un mundo materialista de razonamiento. Este razonamiento rechaza todas las teorías de que un cuerpo humano podría funcionar con conciencia fuera del cuerpo.

Si la conciencia reside fuera del cuerpo, cómo se comunica con el cuerpo? Para el caso, cómo se comunica la conciencia, incluso si está dentro del cuerpo?

Existe conciencia fuera del cuerpo?

Las teorías de la ciencia materialista estándar no han permitido que la evidencia no materialista se convierta en trabajo científico porque no se ajusta a la definición de ciencia empírica.

Hay algunos científicos que estudian la ciencia no materialista. Estos científicos teorizan que es posible que la conciencia exista fuera del cuerpo antes y después de la muerte de un humano.

Ciencia Materialista

Investigación en la que átomos y materia son la única realidad

Si esta teoría resulta ser una posibilidad, entonces queda una pregunta intrigante: reside la conciencia fuera del cuerpo humano mientras una persona está viva? Esta pregunta indudablemente causará una pausa en los mundos científico, filosófico y teológico si esta teoría de la conciencia es aceptada como una posibilidad.

Los investigadores no materialistas apuntan a estudios que muestran una abrumadora evidencia de personas con experiencias cercanas a la muerte (NDErs). Los pacientes de ECM informan que han tenido viajes fuera del cuerpo a diferentes lugares más allá de la Tierra cuando volvieron a la vida después de estar médicamente planos debido a accidentes, enfermedades o cirugías sin éxito.

Los médicos que documentan las historias de pacientes con ECM constantemente registran la conciencia de los pacientes y los viajes fuera de sus cuerpos a pesar de que fueron declarados médicamente muertos. Los pacientes informaron que miraron hacia abajo sobre sus propios cuerpos durante la cirugía mientras observaban y escuchaban a sus médicos en el quirófano.

Se han estudiado más de dos mil eventos de ECM. El consenso alcanzado hasta ahora es que sería imposible para estos pacientes saber sobre las personas y los lugares descritos en sus viajes después de que fueron declarados clínicamente muertos.

Hay una conciencia que comienza antes de las creaciones y sobrevive más allá de la muerte? Existe consciencia fuera de un cuerpo viviente? Si es así, ¿de dónde viene esta conciencia y cuál es su creador?

El pináculo de todas las creaciones son los seres humanos. Es el paso final en las creaciones del Universo. Podría un evento aleatorio crear un ser humano? Cuáles serían las probabilidades de hacerlo? Cómo crearía un evento aleatorio los sistemas y la información que controla la función del cuerpo? Cómo diseñaría un evento aleatorio y crearía una conciencia?

Los eventos aleatorios crearon humanos?

Algunos cosmólogos teóricos han estimado las probabilidades de que los humanos evolucionen por casualidad debido a eventos aleatorios en una sola oportunidad en $10^{2,000,000,000}$ posibilidades.

Oportunidad de que los eventos aleatorios creados humanos es 1 oportunidad en $10^{2,000,000,000}$ de posibilidad

Al unir las probabilidades de todos los pasos de creación de eventos aleatorios descritos en este libro, parece aún más imposible que un creador de eventos aleatorios sea responsable de crear el Universo.

Al multiplicar las probabilidades de todos los grandes pasos de creación en serie, las probabilidades combinadas de la existencia humana después del Big Bang son increíbles.

Big Bang	**1 en $10^{9,221,000,000}$ posibilidad**
Earth	**1 en 10^{138} posibilidad**
Molécula de proteína	**1 en 10^{161} posibilidad**
Protozoos	**1 en $10^{4,478,296}$ posibilidad**
Humanos	**1 en $10^{2,000,000,000}$ posibilidad**
Todas las creaciones	**1 en $10^{224,000,000,000,000,000,000,000,000,000}$ posibilidad**

Cómo es posible, dadas todas las probabilidades astronómicas, que las creaciones del Universo fueron causadas por eventos aleatorios?

Parte III

Capítulo 11

Dios el Creador

Para aquellos que desean explorar la posibilidad de que Dios sea el creador porque las opciones de creación de eventos extraños y aleatorios nunca podrían suceder, estos dos últimos capítulos pueden ser de interés.

De las tres opciones propuestas por los científicos como posibilidades para un creador del Universo, todas han sido eliminadas excepto una: Dios.

Las personas con puntos de vista no teístas sobre Dios, dioses o la ausencia de una creencia en un dios dicen que la ciencia es el único jugador en el mundo natural. Dicen que la única función de la religión es responder preguntas sobre el significado último de la vida y los valores morales.

Un argumento que algunos de los intelectuales hacen es que la existencia de Dios, como creador, depende completamente de la prueba de quién creó a Dios. Esto tiene tanto crédito como el argumento de que la evolución creó todo sin probar lo que creó el comienzo de la cadena de evolución.

∞ ∞ ∞ ∞

En la década de 1980, "creacionista", "evolucionistas" y "diseño inteligente" fueron términos utilizados en las discusiones sobre la creación. Poco después, las "teorías" se convirtieron en los temas científicos dominantes en las culturas estadounidenses y mundiales. Los libros comenzaron a aparecer en las aulas y librerías con teorías científicas presentadas como hechos. No hubo descargos de responsabilidad. Algunos libros de texto fueron aprobados sin críticas objetivas de los consejos escolares.

El contenido del libro fue complicado y difícil de juzgar con precisión. Algunos profesores universitarios estaban demasiado ansiosos por reforzar las teorías como hechos en debates públicos y legales. La religión sigue siendo el principal argumento contra la reapertura de las discusiones hasta el día de hoy.

Si el estudio de la creación de la nada se convierte en un tema realista de interés para los científicos, ¿será bloqueado porque los tribunales hayan dictaminado que la enseñanza del tema del diseño inteligente no puede financiarse en las instituciones públicas?

Debería expandirse la ciencia física para incluir lo que causó las creaciones del mundo físico?

Las teorías dominan la ciencia

Desde la década de 1980, han surgido canales de ciencia que representan celebridades como expertos en ciencia que explican las últimas teorías científicas. La influencia de Hollywood puede ser dramática para la adopción de historias teóricas como prueba por audiencias ansiosas. Las revistas científicas producen historias que tientan a los adictos a la ciencia a salivar a lo que podría ser cierto. No importa, si fuera una teoría sobre un motor que nunca podría funcionar o un avión que nunca podría volar.

Debido a la era de la comunicación digital actual, el mundo en general se está volviendo más inteligente sobre la ciencia y las creaciones. Mucha gente quiere saber más que solo teorías. Quieren respuestas a lo siguiente:

- Qué creó el comienzo de la cadena de evolución?
- Hay al menos un ejemplo de evolución del genoma de una nueva especie que se está creando?
- Cómo se crean las células vivas a partir de átomos muertos?
- Cómo se crearon los proyectiles de protones y neutrones durante el Big Bang?
- Cómo se creó la partícula de bosón de la nada?
- Cómo se crean moléculas proteicas simples?
- Qué creó las leyes, los sistemas y la información de la ciencia?

Qué pasa si el universo realmente fue creado por un creador sobrenatural como Dios? La educación pública de esto está prohibida, y se desaconseja la discusión abierta. Los tribunales estadounidenses determinaron que los creadores sobrenaturales no empíricos eran religiosos e ilegales.

Es hora de quitar el velo que se ha cubierto sobre la creación y abrir los estudios de la creación de la nada?

Admite que el comienzo de la cadena de eventos de creación para cosas como el Big Bang, la Tierra y los seres vivos alteran el trabajo de los científicos? Apenas. Solo admite que los comienzos de las cadenas de diseño creación realmente tuvieron su origen en algo sobrenatural, aparte de lo que los científicos intentan explicar cuando usan solo ciencia material.

Un plan de diseño

Parece que las creaciones de cualquier cosa que se aproxime a la magnitud del Universo requieren un diseño. Ningún humano podría haberlo hecho. Algunas personas dejan de lado este tema porque parece sugerir la participación de un ser supremo. Como se dijo anteriormente, el diseño sobre la marcha no funciona debido a la falta de un plan de sucesión. Sin embargo, se puede ignorar el origen del plan de diseño solo porque no se puede explicar?

Preguntas difíciles persistentes:

- Cómo podría lograrse la creación de un átomo de hidrógeno simple sin algún tipo de diseño?
- Sin un diseño, cómo se vería el átomo?
- Cómo se construiría un átomo y de qué se construiría?
- Cuál sería el propósito previsto del átomo?
- Sobreviviría para siempre o simplemente se marchitaría y moriría?
- Qué le dio características?
- Qué le informa que actúe como una máquina perpetua y nunca se detenga?

Crear algo de la nada es inimaginable. Nadie lo ha descubierto aunque la ciencia lo haya intentado. Las teorías científicas abundan sobre cómo algo "podría ser" o "podría tener" sin evidencia concreta. Parece mucho más fácil ignorar la verdad sobre la complejidad de crear algo de la nada sabiendo que los intrincados detalles se encuentran más allá de las capacidades de la humanidad.

Quien es Dios?

En el siglo XII a. C., el concepto de un dios como religión se introdujo en el sur de Asia. La religión no se enfocó en la salvación, sino más bien en las acciones, las palabras y las acciones de la humanidad.

En el libro de Génesis de la Biblia, a la humanidad se le presentó el concepto de un dios y alrededor del año 2000 aC en el libro de Job. Según el libro de Génesis en la Biblia, Moisés se encontró con Dios en el Monte Sanai y Dios se reveló a sí mismo.

En el último capítulo de este libro, se discute la cuestión de si Dios apareció en la Tierra.

La Biblia, o al menos partes de ella, es considerada un libro religioso por judíos, cristianos e Islam. Dicen que fue divinamente inspirado.

Está lleno de sub libros escritos por profetas, reyes y apóstoles entre 2000 BC y 90 AD Este libro ha sido traducido a más de 1400 idiomas diferentes. La Biblia es con mucho el libro más ampliamente distribuido de todos los tiempos con más de 6 mil millones de copias impresas en circulación más millones de copias electrónicas.

Algunas personas cuestionan la autenticidad de la Biblia, porque ha sido reescrita por la humanidad a lo largo de los años. Están en lo correcto de que la Biblia ha cambiado de maneras importantes a lo largo de los años para adaptarse a las diferencias interpretativas de algunos líderes religiosos.

A veces, se escriben nuevos libros religiosos para reemplazar la Biblia original para acomodar mejor a la nueva religión de un líder.

Además de los cambios en la Biblia, las personas también argumentan que las fechas de la Biblia no pueden ser autenticadas y que la historia de la Biblia no puede demostrarse exacta.

Debido a que las historias sucedieron hace mucho tiempo, no hay pruebas de que, con el tiempo, las historias en los libros no hayan sido reescritas por el hombre.

Teórico **Demostrable**

	Espacio	Gravedad	Leyes y sistemas de ciencia creados	?
	Átomos	Energía y materia	Big Bang Universe creado	13.8 billion
		Estrellas y planetas	Moléculas de tierra, proteínas y bacterias creadas	4.5 billion
			5 millones de especies creadas	300 million
			Sudáfrica naledi	2.8 million
			Jericó continuamente habitado	9,000 BC
			Papiro y tinta descubiertos Manual de empleo	2,500 BC
			Libro de trabajo	2,000 BC
			Libro de Moisés	1,500 BC
Telescopio	Fecha de carbono		Libro de Homer	800 BC
Cálculo	fósiles		Libro de Isaías	700 BC
Cohetes			Libro de los Tesalonicenses	50 BC
			Libro de Livy	59 BC
			Libro de Mark	65 BC
			Libro de Luke	80 AD
			Libro de Josefo	93 AD
			Telescopio	1608 AD
Teórico	Teórico		Cálculo	1665 AD
físicos y	paleontólogos,		Libro Ramsay	1939 AD
cosmólogos	arqueólogos,		Datación por carbono	1948 AD
	biólogos	Historiadores	Telescopio Hubble / cohete	1990 AD

Horario - Cosas vivas

Hay muchos libros históricos escritos además de la Biblia que autentican la exactitud de las fechas, lugares y nombres de personas representadas en la Biblia.

Jericho, Cisjordania	9000 BC
Damasco, Siria	9000 BC
Byblos, Líbano	5000 BC
Sidón, Líbano	4000 BC
Medinat, Egipto	4000 BC
Gaziantep, Turquía	3650 BC
Rayy, Irán	3000 BC
Jerusalén, Israel	2800 BC
Tiro, Líbano	2750 BC
Kirkuk, Irán	2600 BC
Jaffa, Israel	2000 BC
Hebrón, Cisjordania	1500 BC
Ciudad de Gaza, Gaza	1000 BC

Las ciudades más antiguas continuamente habitadas en el mundo

Algunos de estos libros incluyen "El libro de los reyes de Judá e Israel", "Los registros de Semaías el Profeta", "Los registros de los videntes" y "Los comentarios sobre el Libro de los Reyes". Algunas de las ciudades más antiguas de Medio Oriente se mencionan en la Biblia, que detallan historias sobre eventos históricos. Dos de esas ciudades son Jericó y Damasco.

Estas ciudades han sido habitadas continuamente por más de 11,000 años. Para el período que cubre la Biblia, se dice que es uno de los libros históricos más precisos jamás escritos.

En 1946, los nómades beduinos pastores encontraron copias de libros del Antiguo Testamento en una cueva en Qumran junto al Mar Muerto del Medio Oriente. El clima árido conserva las copias de pergamino durante más de 2300 años.

Cueva de Qumran donde se encontró el libro de Isaiah

Trabajando con piezas rotas y frágiles, un equipo internacional de intérpretes reconstruyó cuidadosamente una copia completa del libro de Isaiah. Hoy se está llevando a cabo un esfuerzo mundial para traducir meticulosamente otros libros encontrados en Qumran.

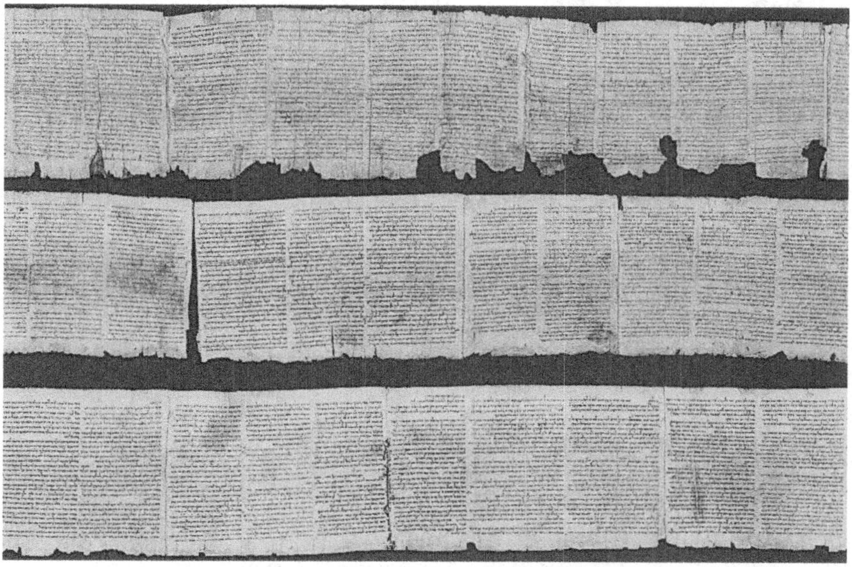

Fragments of a 2300-year old Isaiah book copy

Comparados con la Biblia de hoy, los eruditos dicen que las palabras en la copia de Isaías encontradas en Qumrán son 95% palabra por palabra, lo mismo que en el Antiguo Testamento de hoy.

La Biblia es el único libro conocido con copias que datan del tiempo más cercano a la fecha en que los libros fueron escritos originalmente. Otros libros históricos tienen brechas más grandes entre estas fechas.

		Fecha Escrita	Copia más antigua en Extence	de Gap en Tiempo	Copias en existencia hoy
Isaiah	Isaiah	680 BC	300 BC	380 years	1
Iliad	Homer	750 BC	250 BC	500 years	643
History of Rome	Livy	59 BC	400 AD	459 years	1
Galllic Wars	Caesar	100 BC	900 AD	1000 years	10
Plato	Plato	400 BC	900 AD	1300 years	7
History	Thucydides	460 BC	900 AD	1360 years	8
History	Herodotus	480 BC	900 AD	1380 years	8

Las copias más antiguas conocidas de libros

Carbon Dating autentica la Biblia

A lo largo de los últimos 4000 años de traducción de libros bíblicos de un idioma a otro, las Biblias que existen hoy y que no han sido reescritas intencionalmente tienen el mismo contenido que las copias más antiguas conocidas.

La copia del libro escrita por el carbono de Isaías data del año 300 BC con solo un espacio de 380 años después de que el libro original fuera escrito en 680 BC En comparación, el libro de Platón tiene una brecha de 1300 años entre el libro original y la copia más antigua conocida. Como nadie tiene copias originales de ninguno de los libros, es poco probable que estos libros hayan sido reescritos durante estos primeros períodos. Algunas personas parecen cuestionar la autenticidad de la Biblia pero no cuestionan otros libros históricos. Nadie cuestiona si Platón fue reescrito durante su brecha de 1300 años.

El libro de Isaías hace muchas predicciones específicas acerca de la venida de Dios a la Tierra. Otros libros en la Biblia como Mateo, Marcos, Lucas y Juan fueron escritos entre los años 50 AD y 90 AD documentando a Dios visitando la Tierra.

Los estudiosos declararon que los libros de la Biblia eran precisos en el año 189 AD. La Biblia completa fue presentada oficialmente como un solo libro en el año 325 AD. Además, en el 325 AD, el emperador romano Constantino se convirtió al cristianismo, declarando que Jesús y Dios eran uno. Llamó al consejo de Nicea, formado por obispos del imperio romano. Se les ordenó seleccionar libros para el Antiguo Testamento y también libros escritos sobre Jesús para ser incluidos ahora en lo que se llama el Nuevo Testamento de la Biblia.

Después de esto, Constantino le pidió a su madre que supervisara la construcción y preservación de los lugares santos asociados con Jesús. Dio instrucciones a los gobernadores para que construyan 80 nuevas iglesias en Belén y Jerusalén, incluida la Iglesia del Santo Sepulcro. Esta nueva iglesia era un monumento conmemorativo de la crucifixión y los sitios de sepultura de Jesús. Según la Biblia, la tumba real del entierro en el Gólgota fue provista por un judío rico, mientras que el sitio de la crucifixión era Skull Hill en las afueras del muro norte de Jerusalén.

Emperador romano Constantino

Los arqueólogos autentican la Biblia

A principios de la década de 1900, un arqueólogo utilizó el libro de Hechos, escrito por un apóstol llamado Lucas, que también era médico, para buscar siete ciudades perdidas que se mencionaban en el libro. Las ciudades eran lugares de encuentro para los primeros cristianos que huían de Jerusalén después de ser perseguidos por los romanos. Las siete ciudades perdidas se encontraban principalmente en Turquía. Después de 2000 años de historia, estas ciudades fueron abandonadas y sepultadas por el polvo.

En 1939, cuando el arqueólogo terminó su trabajo, descubrió que las siete ciudades que fueron meticulosamente documentadas en el año 80 AD en el Libro de los Hechos fueron encontradas exactamente donde Lucas dijo que estaban. La arqueología parece confirmar la autenticidad de la Biblia.

Donde esta Dios?

Moisés escribió en el libro de Génesis que vio a Dios. Quinientos años antes, afirma en el libro de Job de la Biblia que Job tuvo conversaciones diarias con Dios. Moisés informó que Abraham también habló con Dios.

En general, se piensa que Dios es invisible sin forma física. Algunas palabras que se usan universalmente para describir a Dios incluyen lo siguiente:

- **Poder ilimitado (omnipotente)**
- **Presente en todas partes (omnipresente)**
- **Perfectamente bueno**

- **Amoroso**
- **No necesitar cosas materiales**
- **Ocasionalmente llamado creador**

Una de las preguntas más difíciles para las personas es, dónde está este Dios? La mayoría de las veces las personas no parecen necesitar a Dios, excepto tal vez al morir o en tiempos difíciles.

Para los científicos que quieren ver más pruebas, no poder ver a Dios es un problema. Sin embargo, no ser capaz de ver el Big Bang no parece ser un problema para ellos.

Algunos científicos creen que están cerca de demostrar que no hay Dios. Estos mismos científicos no pueden probar cómo sucedieron las creaciones de la nada o probar empíricamente el Big Bang.

Algunos teólogos dicen que Dios es imposible de ver, excepto en las cosas que se han creado. Los NDErs podrían argumentar este punto debido a sus descripciones de Dios durante sus encuentros con un súper ser.

Para otros, Dios es conocido solo a través de sus obras. Ver a Dios a través de la maravilla de lo que ha sido creado y de las creaciones continuas parece suficiente para muchos de los que tienen una religión e incluso para algunos sin religión. Hay personas que pueden conocer a Dios como un visitante de la Tierra en un cuerpo que no reconocieron hasta más adelante.

Cuando los científicos dicen que no hay Dios y los líderes religiosos no pueden probar que hay un Dios, pocos tienen respuestas. Aquellos con mentes curiosas continúan buscando y haciendo preguntas.

Qué tan temprano en la historia sabía la gente acerca de Dios? Apareció Dios en otros países y la gente no lo sabía?

Está Dios en todas partes, todo el tiempo, incluso hoy?

Capítulo 12

Dios el Omnipresente

Más de cinco mil millones de personas en el planeta Tierra creen en uno o más dioses. Algo les ha hecho creer. Todos creen que su Dios o dioses están omnipresentes, o presentes en todas partes al mismo tiempo. Algunos creen que su Dios vive en todas partes del Universo e incluso dentro de ellos mismos.

Las religiones del cristianismo y el judaísmo creen en un Dios omnipresente que está entrelazado en todo, incluida toda la ciencia material. La religión del Islam cree en un Creador de Dios pero separado del Universo material.

Las religiones que creen en múltiples dioses piensan que sus dioses y el Universo son uno pero no están limitados por el tiempo o el espacio dentro o fuera del Universo.

Las religiones del cristianismo y el judaísmo creen en un solo Dios que está omnipresente y entretejido en todo, incluida toda la ciencia material. La religión del Islam cree en un Dios creador que está separado del Universo material.

Cuatro mil millones de personas en la Tierra creen que existe su único Dios y es el diseñador y el único creador del Universo. Para una parte de esas personas, no es difícil para ellos creer que Dios podría aparecer en la Tierra luciendo como un hombre común, solo con poderes y sabiduría extraordinarios.

Visitó Dios la tierra?

Si Dios es el creador del Universo, ¿podría Dios ir a cualquier parte, hacer algo, ser cualquier cosa, en cualquier momento? Hay historias convincentes en los libros de historia, así como en la Biblia, que apuntan a una visita de una persona extraordinaria en el Medio Oriente hace 2.000 años que fue así. Hoy, miles de millones de personas todavía están hablando de este asombroso hombre físico que visitó la Tierra. La Biblia dice que su nombre terrenal era Jesús.

El libro de Isaías en la Biblia hace muchas predicciones específicas sobre la venida de Dios a la Tierra. Otros libros de la Biblia como Mateo, Marcos, Lucas y Juan se escribieron entre los años 50 DC y 90 DC y documentaron la historia de Dios visitando la Tierra.

Se estima que al menos el 70 por ciento en el mundo ha escuchado el nombre de este hombre Jesús que tenía poderes y sabiduría sobrenaturales. En los Estados Unidos, un día festivo de Navidad reconoce su nacimiento físico en la Tierra y es celebrado no solo por los cristianos, sino también por los no cristianos.

Navidad celebrada en los Estados Unidos	
Cristianos	**96%**
No religioso	**87%**
Budistas	**76%**
Hindúes	**73%**
Judios	**32%**
Islam	**0%**

Quien es Dios?

La gente dice que Dios es invisible. Algunos dicen que se puede ver a Dios en la increíble belleza de la naturaleza o en la ira de la destrucción natural. Otros dicen que el nacimiento de un niño o la muerte de alguien revela planes de creación divina de fuentes sobrenaturales.

Otra forma de descubrir más sobre este Dios invisible es observar lo que la ciencia ha descubierto al explorar las creaciones. Si Dios es el creador del Universo, entonces los científicos, sin saberlo, están estudiando las piezas del rompecabezas de la creación que Dios creó.

Otra forma de descubrir más acerca de Dios es leyendo libros religiosos como la Biblia. Algunos dicen que la Biblia es un producto del hombre, mientras que otros dicen que fue inspirada por Dios. La Biblia es un libro histórico de 4000 años, dedicado principalmente a Dios. Los relatos en la Biblia son continuamente estudiados hoy. La Biblia dice que Dios apareció en la Tierra en forma humana, hablando directamente con las personas en el Medio Oriente.

Algunos líderes religiosos no aceptan a Jesús como Dios, o lo mismo que su dios o dioses, aunque son conscientes de que él afirmó que él era Dios. Creen que Jesús fue un gran profeta moral y capaz de hacer asombrosos milagros que ningún mortal podría hacer, pero la religión que siguen no les permite aceptar a Dios en carne humana caminando por la Tierra.

Un extranjero, caminando por la Tierra, haciendo las mismas cosas que este hombre, sería rechazado de la misma manera?

Otros líderes religiosos dicen que Jesús era un lunático, hereje, mentiroso y creador de problemas. La Biblia habla de él alterando las leyes religiosas que se establecieron en ese momento y fueron aplicadas por los líderes religiosos. También habla de que Jesús se enojó cuando los líderes religiosos se burlaron de los centros religiosos al convertirlos en mercados.

Si era un lunático, cómo fue capaz de ser un niño sin entrenamiento formal y no una amenaza para el poder del líder religioso, asombrar a los líderes religiosos con conocimiento más allá de sus años, según lo registrado por los estudiosos históricos?

La Biblia habla de que este hombre fue condenado a muerte sin causa por ser un alborotador durante un período muy agitado en un país que estaba ocupado y controlado por una potencia extranjera.

Socavó este hombre la posición de poder y estima de la intelligentsia durante ese período en la historia? Pasaría lo mismo hoy?

La mayoría de los libros religiosos son acerca de Dios

Muchas religiones en todo el mundo tienen sus propios libros sagrados que tratan sobre Dios. El libro religioso de la Torá judía contiene cinco libros que son los mismos que los primeros cinco libros en el Antiguo Testamento de la Biblia. Hay 66 libros en la Biblia cristiana con siete libros adicionales agregados a la versión católica. El Islam Corán contiene versiones modificadas de la Torá, así como versiones modificadas de los libros bíblicos de Salmos, Mateo, Marcos, Lucas y Juan.

Hay al menos 20 versiones diferentes del libro sagrado del Corán. Hay 49 versiones diferentes de la Biblia en inglés. Una de ellas, la versión King James, ha tenido 2000 revisiones desde que fue escrita en 1611.
Hay más de 6900 idiomas en el mundo. Hasta la fecha, la Biblia ha sido traducida a 469 de esos idiomas.La Biblia es un libro de historia.

Algunos dicen que los 39 libros en el Antiguo Testamento contienen profecías sobre la venida de Dios a la Tierra. Los 27 libros en el Nuevo Testamento de la Biblia hablan de la aparición de Dios como Jesús, un humano en carne en la Tierra, durante un período de 33 años.

Jesús dijo que él era Dios

Está registrado en la Biblia que este hombre, aparentemente de otro lugar que no es la Tierra, pero que se parece a alguien de esta Tierra, dijo lo siguiente:

**Si hubieras sabido quién soy yo, entonces habrías sabido quién es mi Padre.
De ahora en adelante lo conoces y lo he visto
Palabras que digo no son mías Pero las palabras de mi Padre que viven en mí y hace su trabajo a través de mí**

Libro de la biblia de john 14

Cuando sus seguidores, conocidos como apóstoles, le pidieron a Jesús que les mostrara quién era el creador, él les dijo que él era el creador conocido como Dios.

Los historiadores escribieron sobre él

Algunos de los peores enemigos de Jesús se convirtieron en historiadores más tarde en sus vidas, registrando a Jesús como un hombre de extraordinarios poderes y sabiduría. Otros no lo conocían directamente, pero como parte de su trabajo remunerado como historiadores, también contaban historias sobre Jesús.

En el año 93 DC, un erudito judío llamado Flavio Josefo escribió un libro de historia romana, llamado Antigüedades de los judíos, e incluyó historias sobre Jesús.

A través de sus escritos, Josefo autentificó el tiempo de Jesús en la Tierra en la Biblia. Hizo su investigación a partir de entrevistas con judíos, romanos y gentiles.

El gobierno romano reclutó a Josefo para que escribiera este libro de historia debido a sus habilidades de escritura precisas. Los romanos siempre documentaron su historia, especialmente cuando ocupaban países extranjeros.

Josefo era un judío de toda la vida y tenía la ciudadanía tanto romana como judía. En su carrera temprana, era un general judío que luchaba contra el ejército romano hasta que desertó para asesorar a la legión romana. Este nuevo papel lo etiquetó como un traidor judío.

Hasta el día de hoy, el trabajo histórico de Josefo es rechazado por la mayoría de los judíos. Sin embargo, Josefo sigue siendo considerado uno de los mejores historiadores de su tiempo.

Debido a que Josepheus siguió siendo un judío de toda la vida, es muy poco probable que necesitara incluir las palabras que escribió en su libro de historia, sobre el hombre llamado Jesús.

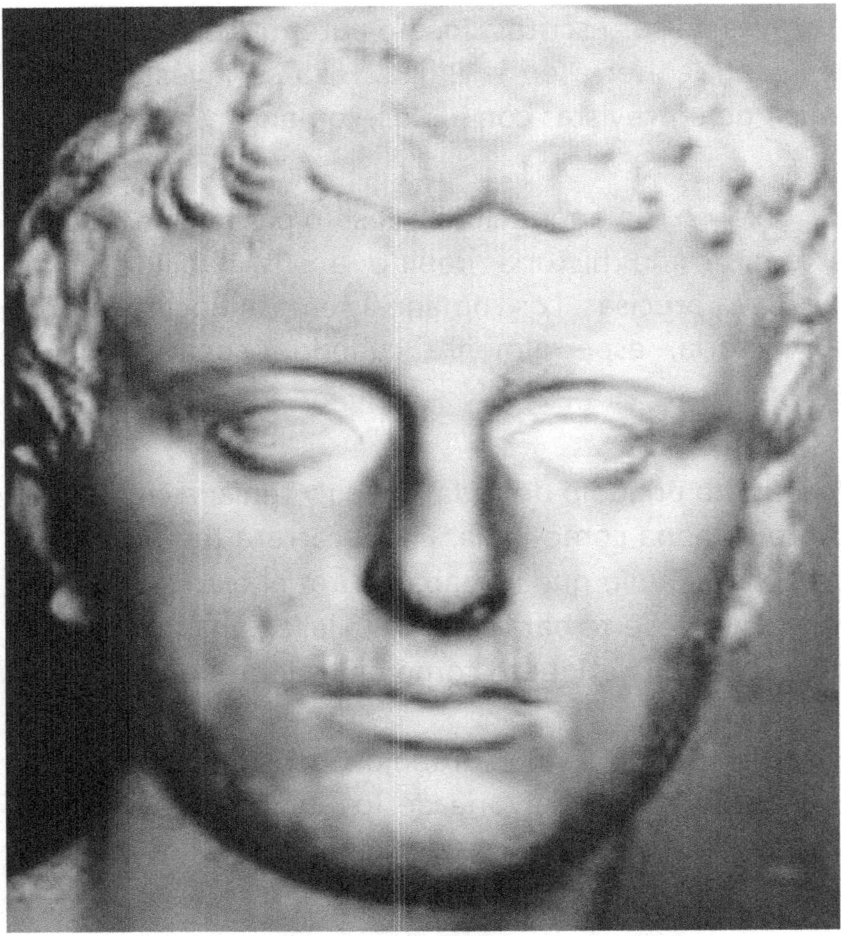

El historiador Flavio Josefo

Sus escritos mencionan a Jesús y su crucifixión. Josefo lo llamó el Mesías. También dijo que Jesús era un hombre extraordinario, "si es que era un hombre".

También incluyó en su libro los nombres e historias que eran iguales a los nombres e historias en la Biblia, incluyendo Pontius Pilot, John the Baptist y James.

Los escritos de Josefo han sido aclamados como un libro de historia preciso y objetivo, basado en sus muchas entrevistas con una diversa sección de personas.

Otro historiador, un hombre judío llamado Saulo, vivió en la época de Jesús y escribió extensamente sobre él entre el 50 y el 90 DC. Nació en Tarso, Turquía, pero vivió en Jerusalén.

Era el hijo de un líder de alto rango de los fariseos judíos. Saúl, un hombre bien educado, odiaba a Jesús y sus seguidores.

Saúl sintió que el movimiento de los apóstoles distraía a los líderes religiosos judíos y sus esfuerzos por apaciguar al gobierno romano que se apoderó de su territorio en el año 63 a.

- **En el momento en que apareció Jesús, un hombre sabio, si de hecho uno debería llamarlo hombre, fue un hacedor de hechos sorprendentes y un maestro de las personas que recibieron la verdad con placer.**
- **Y cuando Piloto, debido a una acusación hecha por los hombres principales entre nosotros, lo condenó a la cruz, los que lo habían amado previamente no dejaron de hacerlo.**
- **Porque se les apareció al tercer día viviendo de nuevo, tal como los profetas divinos habían hablado de estas y otras cosas maravillosas sobre él.**
- **Y ganó seguidores entre muchos judíos y entre muchos de origen griego.**
- **Era el Mesías.**
- **Y hasta este mismo día, la tribu de cristianos que lleva su nombre no ha desaparecido**

Después de que los romanos aumentaron su poderoso dominio sobre los ciudadanos judíos, Saúl se propuso su objetivo personal de eliminar a los perturbadores seguidores cristianos que permanecieron en Jerusalén después de la crucifixión de Jesús.

Con la intención de matar a todos los cristianos, Saulo se llevó a un grupo de guardias judíos para perseguir a los cristianos en su camino a Damasco, después de que huyeron de Jerusalén. La Biblia registra que en el camino de Saulo a Damasco fue detenido por Jesús y golpeado por una luz brillante que lo cegó. Esto fue presenciado por los guardias judíos que lo acompañaban. Saúl estuvo cegado por tres días y visiblemente abrumado por su experiencia. Él sufrió con su ceguera hasta que obedeció las instrucciones que Jesús le dio. Después de obedecer las instrucciones de Jesús, Saúl recuperó milagrosamente su vista.

Pablo dijo que Jesús era la imagen de Dios en la tierra

Fue una epifanía para Saúl cuando vio a Jesús vivo de nuevo, después de haber presenciado previamente su muerte. Algunos dicen que el encuentro de Saúl con Jesús fue lo mismo que una experiencia cercana a la muerte (ECM). Debido a este evento que cambió su vida, Saúl se transformó de un odiador de Jesús a uno de sus partidarios más fuertes y cambió su nombre de Saulo a Pablo.

En el 62 DC, Pablo escribió a los miembros de la iglesia en Colosas en Turquía, diciéndoles que cuando los apóstoles estaban con Jesús, vieron la imagen física de Dios en la Tierra.

Debido a que Pablo tenía tanto la ciudadanía judía como la romana, él ministró a ambos. La devoción de Pablo a este hombre extraordinario llamado Jesús, duró hasta el final de la vida de Pablo.

Se le atribuye la escritura de muchos de los libros de la Biblia en el Nuevo Testamento, excepto los libros de los cuatro evangelios llamados Mateo, Marcos, Lucas y Juan.

Pablo fue finalmente llamado el apóstol a los gentiles. Los líderes religiosos judíos, de los que Pablo había sido miembro anteriormente, lo rechazaron. Pablo, como seguidor de Jesús, dio forma al futuro de la iglesia cristiana primitiva más que a cualquiera de los otros apóstoles.

La historia de Pablo, como está escrita en los libros de historia, trata de alguien que se retiró deliberadamente de una vida judía lucrativa y miembro del consejo religioso del fariseo judío.

Debido a esto, se le prohibió su religión judía y vivió el resto de su vida como un pobre seguidor deshonrado de Jesús. Lo mismo se puede decir de todos los once apóstoles que fueron perseguidos por el resto de sus vidas.

Después de la crucifixión de Jesús, Él fue llamado Dios Jesús

En el 110 DC, un autor y administrador italiano llamado Plinio el Joven envió una carta a su jefe, el emperador romano Trajano, pidiéndole que aconsejara si debía continuar matando a los primeros cristianos, afirmando que su único crimen era adorar a Dios Jesús.

En el año 178 DC, un filósofo griego, oponente pagano del cristianismo e intelectuales autodenominados llamado Celsus, publicó escritos que se refieren a Jesús como que tiene grandes poderes mágicos y se llama a sí mismo Dios.

Un arqueólogo descubrió los restos de una sala de oración cristiana, con carbono que data del año 230 DC, 20 millas al sur de Nazaret en la antigua aldea judío-samaritana de Othnay. Este descubrimiento representa una importante evidencia histórica de que 100 años antes de que el emperador romano Constantino abrazara el cristianismo, los cristianos ya estaban adorando a Dios Jesús que aparecía en la Tierra.

Los críticos del cristianismo afirmaron que la creencia de que Jesús era Dios no comenzó hasta después de que el emperador Constantino y el Concilio de Nicea inventaron la historia y la declararon así en 325 DC. La historia demostró que esto no es cierto.

Los críticos dicen la afirmación Jesús fue Dios (Dios Jesús) fue confeccionado por El concilio de Nicea en 325 DC

Se ha descubierto un mosaico de Dios Jesucristo en el piso de esta sala de oración cristiana recién descubierta, que llama a Jesús una deidad, confirmando el registro del Nuevo Testamento de que los cristianos primitivos adoraron a Jesús como Dios.

También confirmó que Jesús fue adorado continuamente como Dios Jesús después de su muerte, hasta y después de la época del Concilio de Nicea en 325 DC.

El edificio que alberga la sala de oración cristiana era un edificio residencial, de 30 por 40 metros, con un típico techo de tejas romanas, distinto de los residentes locales que no usaban tejas. De alguna manera, los cristianos pudieron usar la vivienda de los soldados romanos y convertir su comedor común en una sala de oración.

Se incrustó un mosaico en el suelo y se instaló una mesa de la Eucaristía para la comunión de la Última Cena. Sugiere esto una interacción amistosa entre los primeros cristianos y el Imperio Romano, en lugar de la persecución, como se había pensado anteriormente?

El mosaico en el piso de la sala de oración tenía 54 metros cuadrados (580 pies cuadrados) con una inscripción griega que decía: "El amante de Dios Akeptous le ofreció la mesa a Dios Jesucristo como un memorial".

Los estudiosos especulan que Akeptous era una mujer Quien donó una mesa para su ceremonia de comunión.

Otra inscripción menciona a un oficial romano llamado Gaiano, quien donó su propio dinero para hacer el mosaico. El mosaico también incluía peces, que era un símbolo cristiano primitivo.

El amante de Dios Akeptous ha ofrecido la mesa a Dios Jesu cristo como memorial

Los escépticos declaran que Dios Jesús fue inventado

En 2003, un libro ficticio vendió más de 80,000,000 copias declarando la historia bíblica de que Jesús era Dios era ficción. El libro decía:

(1) el Concilio de Nicea inventó la idea de que Jesús era Dios

(2) el voto del obispo apenas pasó por dos votos

(3) el emperador Constantino prohibió, quemó y reescribió los Evangelios originales

(4) El Vaticano fue el benefactor del papel proactivo de Constantino al presidir el consejo.

Los historiadores no han encontrado que ninguna de las afirmaciones del libro ficticio sea cierta. En su lugar encontraron:

(1) las discusiones en el Concilio de Nicea no se referían a si Jesús era Dios, sino a cómo transmitir a los paganos cómo es posible que Dios aparezca en la Tierra como un mortal. Algunos filósofos, así como las religiones islamista y testigo de Jehová, todavía utilizan este razonamiento como base para rechazar esta afirmación. Algunos incluso consideran blasfema la idea de que Dios, si quisiera, podría convertirse en un mortal con debilidades y servidumbre humanas. La gente trata de moldear a Dios en una imagen humana?

(2) solo dos de los 250 obispos que asistieron votaron en contra de la ratificación

(3) Constantino no participó en las reuniones del Consejo y no tenía una agenda predeterminada, aparte de la unidad religiosa con los paganos. Los cuatro evangelios utilizados por el Consejo tenían una fecha de caducidad hasta el 200 DC, nunca fueron cambiados en el consejo y están disponibles para ser evaluados hoy.

(4) El Papa no asistió al concilio de ocho semanas. Envió solo seis obispos católicos de Italia. De los 250 obispos que asistieron, el resto procedía de religiones ortodoxas orientales en Egipto, Grecia, Palestina, Siria y Turquía.

El Concilio de Nicea no trataba sobre si Jesús era Dios sino más bien cómo transmitir a los paganos como era posible para Dios Aparecen en la Tierra como un mortal

Doscientos años más tarde, en una de las horas más débiles de la religión en el siglo VI, el poder, el privilegio, el engaño y el mandato de respeto reemplazaron el establecimiento de amor, servicio y humilde persuasión de la iglesia cristiana del siglo primero como la base de su iglesia.

Es posible, cuando Jesús vino a la Tierra, que se dejara una "imagen" de Dios para aquellos que preguntan cómo es Dios? Hoy, algunos teólogos enfatizan que Jesús era Dios en un cuerpo físico mientras estaba en la

Tierra. La mayoría no lo hacen. Están los seguidores cristianos de hoy confundidos más que los cristianos primitivos?

Nos dejó Dios una "imagen" de sí mismo como lo declaró Pablo Cuando Jesús apareció en la tierra?

La Biblia dice de su venida

En el Antiguo Testamento de la Biblia entre 1400 BC y 518 BC hubo más de 300 predicciones, o profecías, registradas acerca de la venida de un gran gobernante.

Estas profecías predijeron que este gobernante vendría para ayudar al pueblo oprimido de Israel. Algunos pensaron que esto significaba salvarlos de los duros líderes de Roma. El Nuevo Testamento en la Biblia declaró que las profecías se cumplieron cuando Dios apareció como Jesús pero no como un gobernante. Más bien, vino a la Tierra en forma humana para salvar a las personas de la muerte eterna.

Algunas de las profecías registradas en el Antiguo Testamento de la Biblia predijeron cómo se trataría a este hombre y cómo moriría:

- **No habrá nada hermoso o majestuoso en su apariencia que nos atraiga hacia él.**
- **Será un hombre despreciado y rechazado, lleno de tristezas y amargos dolores, pero no nos importará.**
- **Le daremos la espalda y miraremos hacia otro lado cuando pase.**
- **Será conducido como un cordero al matadero y guardará silencio ante los esquiladores.**
- **No habrá hecho nada malo o nunca ha engañado a nadie, pero será asesinado como un criminal, pero de alguna manera será enterrado en la tumba de un hombre rico.**

Las profecías también declararon que Jesús se sentiría decepcionado cuando apareciera en la Tierra porque la mayoría de la gente entendería muy poco de quién era, sus enseñanzas o su misión terrenal.

La cuestión de si un ser humano podría cumplir estas profecías a menudo se ha preguntado. En respuesta a esta curiosidad, las profecías individuales fueron ampliamente examinadas en las aulas de estadística de la universidad para determinar las probabilidades de que un mortal pudiera haber ejecutado estas profecías bíblicas.

Sus cálculos resultantes mostraron que las probabilidades habrían sido extremadamente remotas de que un ser humano pudiera lograr incluso algunas de estas profecías, pero solo 300 de las profecías totales escritas en la Biblia.

De las 300 profecías, hubo 30 profecías específicas en el Antiguo Testamento que Jesús cumplió en las últimas 24 horas antes de su crucifixión. La mayoría de estas profecías se encontraron en los libros del Antiguo Testamento de Salmos e Isaías.

Los cumplimientos de profecía fueron todos eventos en serie. Ninguno de los eventos fueron eventos paralelos. Nadie podría haber completado 300 eventos paralelos profetizados al mismo tiempo.

serie	en Evento	Profetizado	Cumplido	Posibilidades una oportunidaden
1	Nacido en Belén	Micah 5:2	Matthew 2:1	10^5 chances
2	Precedido por el mensajero	Isaiah 40:3	Matthew 3:1	10^3 chances
3	Monta en un burro	Zechariah 9:9	Matthew 6:11	10^2 chances
4	Traicionado por un amigo	Psalm 41:9	Matthew 10:4	10^3 chances
5	Vendido 30 piezas de plata	Zechariah 11:12	Matthew 26:15	10^3 chances
6	Precio del campo alfarero	Zechariah 11:13	Matthew 27:5	10^5 chances
7	Falsos testigos	Psalm 35:11	Matthew 26:59	10^3 chances
8	Ejecutado con ladrones	Psalm 22:16	Zechariah 12:10	10^4 chances
	Abandonado por discípulos	Zechariah 13:7	Matthew 14:50	
	Silencio ante acusadores	Isaiah 53:7	Matthew 27:12	
	Maldito y escupió	Isaiah 50:6	Matthew 26:57	
	Cayó bajo su cruz	Psalm 109:24	John 19:17	
	Manos y pies perforados	Psalm 22:16	Luke 23:33	
	Odiado sin razón	Psalm 69:4	John 15:25	
	Montones yeso para prenda	Psalm 22:18	John 19:23	
	Sus huesos no están rotos	Psalm 34:20	John 19:33	
	Él estaba desconsolado	Psalm 22:14	John 19:34	

Probabilidades de completar 8 de las 300 profecías

Al calcular solo 8 de los 300 eventos profetizados en serie, las probabilidades de que un solo ser humano los logre por sí solo resultaron ser una oportunidad en $10^{16,200}$ posibilidades. Las probabilidades parecen astronómicas de que un solo mortal humano pueda cumplir 300 profecías.

Las probabilidades de que alguien podría haber ejecutado con éxito solo 8 de las 300 profecías es 1 oportunidad en $10^{16,200}$ posibilidades

Después de la crucifixión de Jesús, la Biblia informa que al menos 500 testigos vieron y hablaron con Jesús cuando reapareció en la Tierra.

registra que apareció al instante dentro de habitaciones cerradas hablando y compartiendo comidas con sus apóstoles justo cuando dijo que lo haría.

El Nuevo Testamento de la Biblia dice que Jesús reapareció durante cuarenta días antes de partir.

Después de que Jesús dejó la Tierra, se dice que sus apóstoles comenzaron a entender más claramente lo que significaban sus palabras. Las profecías sobre él y por qué él vino a la Tierra habían sido reveladas a los apóstoles ante sus propios ojos. Ellos fueron testigos de primera mano.

Milagros grabados en la Biblia

La Biblia registra que Jesús asombró a la gente con muchos milagros. Sin embargo, no creían que él fuera Dios en forma humana. Jesús les dijo a sus apóstoles que muchas personas solo estaban interesadas en ver sus milagros y no estaban interesadas en escuchar su mensaje.

La mayoría de los cristianos y musulmanes creen que los milagros sobrenaturales realizados por Jesús realmente sucedieron.

Los judíos y los escépticos no.

Milagros que Jesús realizó como está registrado en la Biblia:

Agua convertida en vino	**John 2**
Hijo de trabajador salvado de morir	**John 4**
Sanó a un hombre cojo por grupo	**John 5**
La suegra del apóstol sanado	**Mateo 8**
Proporcionó una gran captura de peces	**Lucas 5**
Hombre sanado con lepra	**Mark 1**
Hombre sanado paralítico	**Matthew 9**
La mano del hombre sanado el sábado	**Marca 3**
Devolvió al hijo de la viuda a la vida	**Lucas 7**
Mar Calmado de Galilea	**Mateo 8**
Enviados demonios en manada de cerdos	**Mark 5**
Sanadora sanada	**Luke 8**
Devolvió a la chica a la vida	**Luke 8**
Sanó a los ciegos y enmudeció	**Mateo 9**
Caminado en la cima del agua	**Mark 6**
Sanó a todos los que lo tocaron	**Mateo 14**
Enviado demonio de niña	**Mark 7**
Sanó a muchas personas	**Mateo 15**
Fed 4000 personas	**Mark 8**
Vista restaurada al hombre ciego	**Mark 8**
Transformado en la montaña	**Lucas 9**
Enviado demonio fuera de chico	**Mateo 17**
Sanó a 10 hombres con lepra	**Lucas 17**
Mendigo ciego curado	**Mark 10**
Fed 5000 en el Mar de Galilea	**Juan 6**
Hombre sanado, ciego de Nacimiento	**Juan 9**
Devolvió a Lázaro a la vida	**Juan 11**
Rose de los muertos	**Juan 20**

Milagros que Jesús realizó según lo dicho en la Biblia

Di la verdad y muere - cuéntale a una mentira y vive

Por qué alguien ofrecería voluntariamente su vida para cierta ejecución? Qué ganaría alguien excepto la muerte?

La Biblia indica que Jesús no estaba motivado por el dinero, la fama, el prestigio o el poder para hacer lo que hizo y dijo. Una de las profecías era que Jesús entregó su vida a sus acusadores. Esta profecía se cumplió cuando fue crucificado. Por qué iba a ofrecer voluntariamente su vida por una determinada ejecución Qué ganó él, excepto la muerte?

Los autores del Nuevo Testamento tampoco tenían nada que ganar diciendo la verdad mientras hablaban y documentaban la vida de Jesús.

Conseguir que nueve escritores diferentes, la mayoría de ellos apóstoles, informen historias comparables mientras están separados unos de otros es considerado imposible por algunos, especialmente después de largas brechas en el tiempo entre la muerte de Jesús y cuando sus historias fueron registradas.

Los doce apóstoles no recibieron dinero, fueron perseguidos, murieron pobres y, sin embargo, no se desviaron de contar la misma historia coherente sobre Jesús y lo que vieron con sus propios ojos.

Por qué los apóstoles fueron obligados a contar historias que habían presenciado acerca de la vida y la muerte de Jesús? Parece que el punto de inflexión para convertirse en seguidores inflexibles no fue hasta su crucifixión, y la reaparición de Jesús después de la muerte. Poco después de la crucifixión, los apóstoles huyeron de Jerusalén porque temían por sus vidas sabiendo que serían arrestados cada vez que hablaran de la reaparición de Jesús.

Cuando Jesús reapareció vivo para los apóstoles, se dice que se convirtieron en seguidores inquebrantables durante los años restantes de sus vidas. Se ha dicho que la crucifixión y los cuarenta días de la reaparición visible de Jesús en la Tierra marcan el nacimiento informal del cristianismo.

Los apóstoles habían estado con Jesús por al menos tres años, siendo testigos de todos sus milagros y crucifixión.

Está escrito que los apóstoles, así como miles de personas no judías conocidas como gentiles, escucharon a Jesús hablar con autoridad como nadie que hayan escuchado.

Aunque Jesús nació como judío, el libro de Isaías profetizó que sería una luz para los gentiles. Sorprendió a los líderes religiosos judíos con su vasto conocimiento no escolarizado de la Torá, especialmente cuando enseñaba como un simple niño en la sinagoga.

Antes de las muertes brutales de los apóstoles, escribieron los libros del Nuevo Testamento.

Solo por contar sus historias, todos fueron asesinados como si fueran delincuentes.

Por qué al menos uno de ellos intentó salvar su vida simplemente mintiendo y negando las historias sobre Jesús? Si alguien es amenazado por la muerte, no mentiría para salvar su propia vida?

Los apóstoles deben haber visto eventos extraordinarios que los convencieron de continuar contando sus historias acerca de Jesús, aun sabiendo que enfrentaban una muerte segura.

Todos los apóstoles, excepto Juan que fue exiliado a una isla remota, fueron brutalmente ejecutados porque no cambiarían sus historias.

- **Stephen fue apedreado hasta la muerte**
- **Felipe fue crucificado**
- **Matthew sufrió la muerte por la espada**
- **James fue golpeado y apedreado hasta la muerte**
- **Matthias fue decapitado en Jerusalén**
- **Andrew fue crucificado en Edessa**
- **Mark fue arrastrado a pedazos en Alejandría**
- **Pedro fue crucificado en Roma**
- **Paul fue ejecutado por la espada**
- **Jude fue crucificado en Edessa**
- **Bartolomé fue crucificado en la India**
- **Thomas fue asesinado por una lanza en India**
- **Lucas fue ahorcado en Grecia**
- **Barnabas fue asesinado por medios desconocidos**
- **Simón fue crucificado**
- **Juan escapó de la muerte pero desterró a Patmos**

Las muertes del apóstol

El cuerpo en la tumba desapareció

Está registrado en la Biblia. Jesús fue crucificado y sepultado en una tumba a la vista de cientos de judíos, gentiles y una legión de soldados romanos.

Después de que Jesús fue crucificado en una cruz, su cuerpo fue colocado en una tumba donada por un rico judío y continuamente custodiada por soldados romanos. Los cristianos dicen que se cumplió una profecía cuando, después de tres días, el cuerpo de Jesús se levantó dejando la tumba vacía. Después de este tiempo, Jesús se encontró con sus apóstoles. La Biblia registra que los líderes religiosos pagaron a los soldados romanos para que mintieran sobre la tumba vacía, diciendo que el cuerpo fue robado por sus seguidores.

Algunos dicen que es ilógico que los seguidores de Jesús sean lo suficientemente valientes como para robar un cuerpo de una gran legión romana de soldados que custodiaban su tumba, sabiendo que la tumba estaba sellada. Sabían que los líderes judíos estaban preparados para convertir a los alborotadores en los romanos por la crucifixión obligatoria.

Muchos han cuestionado como; Cómo hubiera sido posible que un puñado de seguidores desarmados rodara físicamente una roca de varias toneladas frente a una legión romana de soldados que custodiaban la entrada de la tumba?

Además, se dice que si el cuerpo estuviera en la tumba, los crucificadores romanos habrían estado dispuestos a traer ceremoniosamente el cadáver de Jesús para su exhibición pública como un ejemplo de lo que les sucedería a los alborotadores. Los libros de historia informan que los cadáveres podridos en las cruces a menudo se dejaban en exhibición durante muchos días para reforzar a las personas el precio que pagarían los alborotadores. Por qué los romanos dejarían que alguien se llevara el cuerpo, especialmente después de que tenía un sello romano pegado a la puerta, para que nadie entrara sin saberlo en la tumba?

Los apóstoles se negaron a retroceder y negar sus afirmaciones de que esta forma humana de Dios en la Tierra era su Mesías, a pesar de que este Mesías había venido a la Tierra para cumplir un propósito diferente al que los judíos habían esperado.

∞ ∞ ∞ ∞

Está Dios en todas partes?

No hay otras historias históricas de una sola persona que se hayan perpetuado durante tantos siglos con un nivel de intensidad tan alto como el de Jesús viniendo a la Tierra. Tal vez esto se deba a lo siguiente:

- **Su historia cumplió las increíbles probabilidades de más de 300 profecías completadas.**
- **Sus milagros de curación y devolver a la gente a la vida.**
- **Su resurrección de entre los muertos y ser visto por más de 500 personas.**
- **Sus convincentes mensajes de amor, perdón y vida después de la muerte.**
- **La voluntad de sus seguidores de morir en lugar de decir una mentira.**
- **Su imposibilidad de crucificadores para desfilar al cadáver probándolo muerto.**

La humanidad vio a Dios hace 2000 años?

Podría Jesús haber sido Dios apareciendo en forma humana? Hizo muchos milagros para curar a los enfermos y levantar a los muertos ante miles de testigos, lo que nadie más podía hacer. Cientos de personas lo vieron colgado en una cruz y vivo de nuevo después de su crucifixión.

La gente realmente vio a Dios hace 2000 añosen una forma humana?

Si Dios vino a la Tierra como un hombre e hizo lo que se dice que sucedió en la Biblia, entonces apareció Dios en forma humana?

Qué está causando creaciones? No extraterrestres. No eventos aleatorios. Es esta mística y poderosa posibilidad no científica de Dios, como creador de algo de la nada, la única opción de creación que queda?

Tú decides.

Expresiones de gratitud

Bruce Alberts
Andy Albrecht
Eben Alexander
Muqtada al-Sadr
Reza Aslan
Flavius Augustus
Charles Babbage
John Baldwin
Mara bar Sarapion
John Barrow
Joseph Bates
David Beckham
Isaiah ben Amoz
Nicodemus ben Gurion
Paul Benioff
Lee Berger
Jorge Bergoglio
Emile Borel
Gautama Buddha
Bruce Buff
Warren Buffett
Paul Butler
James Cameron
Brandon Carter
Ernst Chan
James Coppege
Lee Cronin
John Dalton
Charles Darwin
Paul Davies
Richard Dawkins
Anuokpitoc Democratus
Michael Denton
David Deutsch
James Dobson
Lhamo Dondrub
J Presper Eckert
Mary Eddy
Albert Einstein
Richard Feynman
Steven Furtick
Pauline Gagnon
Martin Gaskell
Rick Gates
Bill Gates
Robert Goddard
Stephen Gould
Bruce Greyson
Johnathon Gruber
John Hagee

Expresiones de gratitud (continuado)

Ken Hamm	Yuri Manin
Steven Hawking	Jeff Manion
Richard Henry	John Mauchly
Peter Higgs	Carver Mead
Gordon Hinkley	Stanley Miller
Fred Hoyle	Harold Morowitz
Ron Hubbard	Thomas Nagel
Edwin Hubble	Isaac Newton
Peter Hughes	Billy Nye
Muhammad ibn Abdullah	Irenaeus of Anatolia
Abraham Ibn Ezra	Luke of Antioch
David Jerimiah	Moses of Goshen
Phillip Johnson	Jesus of Nazareth
Flavius Josephus	Saul of Tarsus
Larry Kiser	Mazlan Othman
Arthur Keith	Colin Patterson
Tracy Kidder	Arno Penzias
Andrew Kohut	Max Planck
Lawrence Krauss	John Polkinghorne
Robert Lanza	Karl Popper
John Lennox	William Ramsey
Willard Libby	Joseph Ratzinger
Hans Lippershey	Robert Reich
Martin Luther	Alberta Rivera
Joao Magueijo	Hugh Ross

Expresiones de gratitud (continuado)

Rick Rule
Larry Sanger
Gary Schwartz
Ralph Seelke
Joseph Smith
Richard Stallman
Columba Stewart
Peter Stoner
Lee Strobel
Steven Taylor
Nikola Tesla
Peter Thiel
Frank Tipler
Noah Turner
Desmund Tutu
Harold Urey
Steven Vogt
Werner von Braun
Eugene Walcott
Jimmy Wales
George Ward
Rick Warren
Dawn Wendzel
Eugene Wigner
John Wycliffe

Sobre el Autor

DOUG HANS es un autor teórico que no es un científico, teólogo o miembro de ninguna organización, sino alguien como muchos otros que admiran las creaciones. Debido a que tenía más preguntas de las que la ciencia o la teología podían responder, realizó un viaje de investigación de seis años para escribir "What's Causing Creations", informando sobre su investigación sobre creaciones de extraterrestres, eventos aleatorios o de Dios. Al principio de su carrera, se inspiró en el libro del autor del Premio Pulitzer, el libro de Tracy Kidder "The Soul of a New Machine". Inmediatamente vio un corolario en el diseño y operación de las computadoras con el Universo.

Pasó la mayor parte de su carrera con empresas internacionales Fortune 500 en la gestión y consultoría de sistemas informáticos de ingeniería dando paso a nuevas tecnologías. Como realizador y autor independiente, ha producido documentales y ha escrito una obra de teatro completa, sobre la que planea escribir su segundo libro. El autor es un graduado altamente educado de una universidad importante, con una mente analítica que gravita hacia conceptos científicos emergentes.

Made in the USA
Monee, IL
04 November 2026

67385939R10138